高等职业教育土木建筑大类专业系列新形态教材

建筑设备施工技术

张娅玲 ▣ 主　编

鲍东杰　相里梅琴 ▣ 副主编

清华大学出版社
北京

内 容 简 介

本书是高职院校建筑设备类专业(建筑设备工程技术专业、供热通风与空调工程技术专业、建筑消防技术专业)的专业方向课程教材,也是工业设备安装工程技术专业、给排水工程技术专业、制冷与空调技术专业的拓展课程教材。内容包括:建筑设备工程常用材料及机(工)具;建筑给水排水系统安装;建筑采暖系统安装;建筑通风系统安装;建筑空调系统安装;管道设备的防腐与绝热;专业训练。本书可以作为高职院校建筑设备类专业师生的教材或参考书,也可以作为"1+X"建筑信息模型(BIM)职业技能等级考试人员的学习用书,同时还可以作为施工现场相关专业人员的指导用书和实用手册。

图书在版编目(CIP)数据

建筑设备施工技术/张娅玲主编. —北京:清华大学出版社,2021.6

高等职业教育土木建筑大类专业系列新形态教材

ISBN 978-7-302-57369-2

Ⅰ.①建… Ⅱ.①张… Ⅲ.①房屋建筑设备-建筑安装-高等职业教育-教材 Ⅳ.①TU8

中国版本图书馆 CIP 数据核字(2021)第 017880 号

责任编辑:杜　晓
封面设计:曹　来
责任校对:袁　芳
责任印制:杨　艳

出版发行:清华大学出版社
　　　　网　　　址:http://www.tup.com.cn,http://www.wqbook.com
　　　　地　　　址:北京清华大学学研大厦 A 座　　　　　　邮　　编:100084
　　　　社 总 机:010-62770175　　　　　　　　　　　　　邮　　购:010-62786544
　　　　投稿与读者服务:010-62776969,c-service@tup.tsinghua.edu.cn
　　　　质量反馈:010-62772015,zhiliang@tup.tsinghua.edu.cn
　　　　课件下载:http://www.tup.com.cn,010-83470410
印 装 者:三河市铭诚印务有限公司
经　　销:全国新华书店
开　　本:185mm×260mm　　　　印　　张:9.75　　　　字　　数:230 千字
版　　次:2021 年 7 月第 1 版　　　　　　　　　　　　　印　　次:2021 年 7 月第 1 次印刷
定　　价:45.00 元

产品编号:090806-01

前　言

本书依据现行国家标准、规范，根据建筑设备专业教学标准，以施工技术和验收规范为主线，涵盖建筑设备类专业学生应掌握的通用知识、基础知识和岗位知识，是建筑设备类专业学生必修的一门专业课程。本书适合高职高专学生进行施工技术和施工质量验收训练，也是建筑设备类从业人员的指导书。同时本书由校企合作共同开发，根据建筑设备工程的实际工作过程进行编写，具有实用性、可实践性和可操作性等特点。

本书服务于建筑设备安装工程，详细阐述了建筑给水排水、采暖、通风与空调工程的施工技术、操作要点和施工验收方面的知识。本书内容包括：建筑设备工程常用材料及机（工）具；建筑给水排水系统安装；建筑采暖系统安装；建筑通风系统安装；建筑空调系统安装；管道设备的防腐与绝热；专业训练。书中内容既有专业理论知识，又有专业技能训练，并根据住房和城乡建设领域对设备安装专业技术人员的岗位要求，配套了思考题，为学生未来从事设备安装施工员、质量员、材料员等岗位打下了坚实的基础。

本书为江苏城乡建设职业学院重点立项教材建设项目。全书共7章，其中第1章由河北科技工程职业技术大学的林青编写，第2章、第4章、第5章和第7章由江苏城乡建设职业学院的张娅玲编写，第3章由江苏建筑职业技术学院的相里梅琴编写，第6章由邯郸职业技术学院的王京编写。河北科技工程职业技术大学的鲍东杰对全书进行了认真仔细的审校，并提出大量宝贵意见。

本书在编写过程中得到了许多企业的帮助，上海诺佛尔生态科技有限公司的荆卫忠技术总裁、江苏河海新能源有限公司的荆国正经理、江苏格瑞力德制冷设备有限公司的刘栓强总经理等都对本书的内容提出很好的建议。另外，建筑设备教研室的各位教师也提供了很多帮助，在此一并表示感谢。

由于编者水平有限，书中难免有疏漏之处，敬请广大读者批评、指正。

编　者
2021 年 1 月

目　录

第1章 建筑设备工程常用材料及机(工)具

章节概述

本章主要介绍建筑设备工程常用的管道材料、辅助材料，以及进行管道加工、连接时需要使用的工具、机具等。

学习目标

了解水暖、通风空调工程常用的管材、辅材、管件与配件的种类；掌握管件与配件的性能与作用；熟悉各类阀门的特点与用途；了解管道安装常用的各类工具、机具的用途。

微课：建筑
设备概述

1.1 水暖工程常用管材与连接

1.1.1 水暖工程常用管材

在建筑给水排水及采暖工程中，使用部位和场所不同，所需要的管材也各不相同。管材的合理选择对于确保建筑物的使用功能起到至关重要的作用，给水排水系统管材的确定，既要考虑安全耐用、环保无污染，也要兼顾经济性。

1. 给水管材的分类、规格、特性及应用

1) 钢管

(1) 输送流体用无缝钢管。输送流体用无缝钢管由优质碳素钢 10、20 及低合金高强度结构钢 Q295、Q345、Q390、Q420 等采用热轧(挤压、扩)和冷拔(轧)无缝方法制造。相比焊接钢管，无缝钢管的承压能力更好、耐腐蚀能力更强，适用于工程及大型设备上输送水、油、气等流体管道。

(2) 不锈钢无缝钢管。不锈钢无缝钢管一般采用奥氏体不锈钢及铁素体不锈钢通过热轧(挤压、扩)和冷拔(轧)无缝方法制造，具有强度高、耐腐蚀、寿命长、卫生环保等特性，广泛应用于石油化工、建筑水暖、工业、冷冻、卫生、消防、电力、航天、造船等基础工程。

(3) 焊接钢管。

① 低压流体输送用焊接钢管。低压流体输送用焊接钢管是用 Q195、Q215A、Q235A 钢板或钢带经过卷曲成型后焊接制成的钢管，按壁厚分为普通钢管和加厚钢管；按管端形式分为带螺纹和不带螺纹(光管)。

低压流体输送用焊接钢管生产工艺简单，生产效率高，品种规格多，投资成本低，但一般强度低于无缝钢管，耐腐蚀性不强，适用于输送水、煤气、空气、油和采暖蒸汽等较低压力的流体。

② 低压流体输送用镀锌焊接钢管。镀锌焊接钢管是由前述焊接钢管(俗称黑管)热浸

镀锌而成,所以它的规格与焊接钢管相同。由于表面镀锌层的保护,其具有较好的耐腐蚀性,可用于低压流体输送,且对内外表面防腐有一定要求的场合。

③ 螺旋缝焊接钢管。螺旋缝焊接钢管是将低碳碳素结构钢或低合金结构钢钢带按一定的螺旋线的角度卷成管坯,然后将管缝焊接制成的钢管。其强度一般比直缝焊管高,但是与相同长度的直缝管相比,焊缝长度增加 30%～100%,而且生产速度较低。因此,较小口径的焊管大都采用直缝焊,大口径焊管则大多采用螺旋焊。此类钢管适用于大口径空调水管道及石油天然气输送管道。

④ 涂塑钢管。涂塑钢管是根据用户需求,以无缝或有缝钢管为基材,采取喷砂化学双重前处理、预热、内外涂装、固化、后处理等工艺制作而成的钢塑复合管。涂塑钢管既有钢管的高强度,又有塑料材质干净卫生、不污染水质的特点,在耐腐蚀性、耐化学稳定性、耐水性及机械性等方面均较为出色,具有减阻、防腐、抗压、抗菌等作用,广泛应用于给水排水、海水、油、气体及各种化工流体的输送。

⑤ 波纹金属软管。波纹金属软管是采用不锈钢板卷焊热挤压成型后,再经热处理制成。波纹金属软管可实现温度补偿、消除机械位移、吸收振动、改变管道方向,其工作温度为−196～450℃。主要应用于:需要很小的弯曲半径非同心轴向传动;不规则转弯、伸缩;吸收管道的热变形;不便于用固定弯头安装的场合做管道与管道的连接;管道与设备的连接使用等。

2) 有色金属管

有色金属管主要分为铜及铜合金管、铝及铝合金管、铅及铅锑合金管、钛及钛合金管、镍及镍铜合金管。机电工程最常见的有色金属管为铜及铜合金管。

铜及铜合金管分为拉制管和挤制管,一般采用钎焊、扩口或压紧等方式与管接头连接。铜管质地坚硬,不易腐蚀,且耐高温、耐高压,可在多种环境中使用,适用于输送饮用水、卫生用水或民用天然气、煤气、氧气及对铜无腐蚀作用的其他介质。

3) 球墨铸铁管

球墨铸铁管是使用 18 号以上的铸造铁水经添加球化剂后,经过离心球墨铸铁机高速离心铸造成的管材。球墨铸铁管具有运行安全可靠、破损率低、施工维修方便快捷、防腐性能优异等特点,适用于中低压市政供水、工矿企业给水、输气、输油等。

4) 塑料管材

塑料管材是以合成的或天然的树脂作为主要成分,添加一些辅助材料(如填料、增塑剂、稳定剂、防老剂等)在一定温度、压力下加工成型的管材。

塑料管材与传统的金属管和水泥管相比,具有重量轻、耐腐蚀性好、抗冲击和抗拉强度高、表面光滑、流体阻力小、绿色节能、运输方便、安装简单等多方面优点。

工程中常用的塑料管材主要有硬聚氯乙烯(UPVC)管、氯化聚氯乙烯(CPVC)管、聚乙烯(PE)管、交联聚乙烯(PEX)管、三型聚丙烯(PPR)管、聚丁烯(PB)管、工程塑料(ABS)管等。

(1) 硬聚氯乙烯(UPVC)管。硬聚氯乙烯(UPVC)管以聚氯乙烯树脂为主要原料,经挤压或注塑制成。管道内壁光滑阻力小、不结垢、无毒、无污染、耐腐蚀,由于传统制造工艺中会用到含铅盐等有害物质的稳定剂,一般用于非饮用给水的输送。

(2) 氯化聚氯乙烯(CPVC)管。CPVC 树脂由聚氯乙烯(PVC)树脂氯化改性制得,是一种新型工程塑料。PVC 树脂经过氯化后,分子键的不规则性增加,极性增加,使树脂的溶解性增大,化学稳定性增加,从而提高了材料的耐热性和耐酸、碱、盐、氧化剂等腐蚀性,最高使用温度可达110℃,长期使用温度为95℃。用CPVC制造的管道,有重量轻、隔热性能好的特点,主要用于生产板材、棒材、管材输送热水及腐蚀性介质,并且可以用作工厂的热污水管、电镀溶液管道、热化学试剂输送管和氯碱厂的湿氯氢气输送管道。

(3) 聚乙烯(PE)管。PE树脂是由单体乙烯聚合而成,由于在聚合时因压力、温度等聚合反应条件不同,可得出不同密度的树脂,因而又有高密度聚乙烯、中密度聚乙烯和低密度聚乙烯之分。国际上把聚乙烯管的材料分为PE32、PE40、PE63、PE80、PE100 5个等级,而用于燃气管和给水管的材料主要是PE80和PE100。聚乙烯(PE)管具有良好的卫生性能、卓越的耐腐蚀性能、长久的使用寿命、较好的耐冲击性、可靠的连接性能、良好的施工性能等特点。可用于饮用水管道,化工、化纤、食品、林业、印染、制药、轻工、造纸、冶金等工业的料液输送管道,通信线路、电力电线保护套管。

(4) 交联聚乙烯(PEX)管。交联聚乙烯(PEX)管比聚乙烯(PE)管具有更好的耐热性、化学稳定性和持久性,同时又无毒无味,可广泛用于生活给水和低温热水系统中。

(5) 三型聚丙烯(PPR)管。三型聚丙烯(PPR)管又叫三型聚丙烯管或无规共聚聚丙烯管,具有节能节材、环保、轻质高强、耐腐蚀、内壁光滑不结垢、施工和维修简便、使用寿命长等优点,广泛应用于建筑给水排水、城乡给水排水、城市燃气、电力和光缆护套、工业流体输送、农业灌溉等。

(6) 聚丁烯(PB)管。聚丁烯(PB)管是由聚丁烯、树脂添加适量助剂,经挤出成型的热塑性加热管。聚丁烯(PB)是一种高分子惰性聚合物,它具有很高的耐温性、持久性、化学稳定性和可塑性,无味、无臭、无毒。该材料重量轻,柔韧性好,耐腐蚀,用于压力管道时耐高温特性尤为突出,可在95℃下长期使用,最高使用温度可达110℃。管材表面粗糙度为0.007,不结垢,无须做保温,保护水质、使用效果很好。可用于直饮水工程用管、采暖用管材、太阳能住宅温水管、融雪用管、工业用管。

(7) 工程塑料(ABS)管。工程塑料(ABS)管的耐腐蚀、耐温及耐冲击性能均优于聚氯乙烯管。它由热塑性丙烯腈丁二烯-苯乙烯三元共聚体粘料经注射、挤压成型加工制成,使用温度为-20~70℃,压力等级分为B、C、D 3级。工程塑料(ABS)管可用于给水排水管道、空调工程配管、海水输送管、电气配管、压缩空气配管、环保工程用管等。

5) 铝塑复合管

铝塑复合管是以焊接铝管为中间层,内外均为聚乙烯塑料,采用专用热熔剂,通过挤出成型方法复合成一体的管材。

作为供水管道,铝塑复合管中间的铝管层保障了足够的强度,而内外的塑料层则使管材具有较好的保温性能和耐腐蚀性能,因内壁光滑,对流体阻力很小;又因为可随意弯曲,安装施工非常方便。常用于工业及民用建筑中冷热水、燃气的输送及太阳能空调系统配管等。

2. 排水管材的分类、规格、特性及应用

1) 排水铸铁管

排水铸铁管具有比钢管好的耐腐蚀性能,有良好的强度及吸音减震性能。但其消耗金属量大、笨重、安装性较差,现已逐渐被硬聚氯乙烯塑料排水管取代。

2) 硬聚氯乙烯(UPVC)排水管

硬聚氯乙烯(UPVC)排水管具有重量轻、不结垢、不腐蚀、外壁光滑、容易切割、便于安装、投资省和节能的优点。但其也有强度低、耐温性差、立管产生噪声、暴露于阳光下管道易老化、防火性能差等缺点。常用于室内连续排放污水温度不大于 40℃、瞬时温度不大于 80℃的生活污水管道。

3）高密度聚乙烯（HDPE）管

高密度聚乙烯管是传统的钢铁管材、硬聚氯乙烯排水管的换代产品，具有价格便宜、重量轻、连接可靠、低温抗冲击性好、耐腐蚀、耐老化、水流阻力小等优点，广泛应用于工业与民用建筑的雨、污排水管道。

4）陶土管

陶土管表面光滑、耐酸碱腐蚀，是良好的排水管材，但切割困难、强度低、运输安装过程损耗大。室内埋设覆土深度要求在 0.6m 以上，在荷载和震动不大的地方，可作为室外的排水管材。

5）混凝土及钢筋混凝土管

混凝土及钢筋混凝土管具有价格便宜、抗渗性强、抗外压较好等优点，但缺点是强度低、内表面不光滑、耐腐蚀性能差。多用于室外排水管道及车间内部地下排水管道，一般直径在 400mm 以下采用混凝土管，400mm 及以上采用钢筋混凝土管。

6）石棉水泥管

石棉水泥管重量轻、不易腐蚀、表面光滑、容易割锯钻孔，但易脆、强度低、抗冲击力差、容易破损，多作为屋面通气管、外排水雨水水落管。

1.1.2　管道常用连接方法

管道连接的目的是将两段管道连接到一起，或是将一根管道进行分支。

管道连接的方法主要有丝扣连接、焊接、法兰连接、沟槽连接、承插连接、熔接、黏接等。给水排水管道管材的选用及连接方式见表 1-1。

表 1-1　给水排水管道管材的选用及连接方式

管道类别	敷设方式	管径/mm	宜用管材	主要连接方式
生活给水管	明装或暗设	DN≤100	铝塑复合管	卡套式连接
			钢塑复合管	螺纹连接
			给水硬聚氯乙烯管	黏接或橡胶圈接口
			三型聚丙烯管	热熔连接
			工程塑料管	黏接
			给水铜管	钎焊承插连接
			热镀锌钢管	螺纹连接
		DN>100	钢塑复合管	沟槽或法兰连接
			给水硬聚氯乙烯管	黏接或橡胶圈接口
			给水铜管	焊接或卡套式连接
			热镀锌无缝钢管	卡套式或法兰连接
	埋地	DN<75	给水硬聚氯乙烯管	黏接
			三型聚丙烯管	热熔连接
		DN≥75	给水铸铁管	石棉水泥或橡胶圈接口
			钢塑复合管	螺纹或沟槽式连接

续表

管道类别	敷设方式	管径/mm	宜用管材	主要连接方式
饮用水管	明装或暗设	DN≤100	给水铜管	钎焊承插连接
			薄壁不锈钢管	卡压式连接
	水质近于生活给水(埋地)		给水铸铁管	石棉水泥或橡胶圈接口
生产给水管	明装		焊接钢管	焊接
	埋地		给水铸铁管	石棉水泥或橡胶圈接口
消火栓给水管	明装或暗设	DN≤100	焊接钢管	焊接连接
			热镀锌钢管	螺纹连接
		DN>100	焊接无缝钢管	焊接连接
			热镀锌无缝钢管	沟槽式连接
	埋地		给水铸铁管	石棉水泥接口或橡胶圈接口
自动喷淋系统水管(湿式或干湿)	明装或暗设	DN≤100	热镀锌钢管	螺纹连接
		DN>100	热镀锌无缝钢管	沟槽式连接
	埋地		给水铸铁管	石棉水泥接口或橡胶圈接口
生活排水管	明装或暗设		排水硬聚氯乙烯管	黏接
			排水铸铁管	承插连接
	埋地		排水硬聚氯乙烯管	黏接
			排水铸铁管	石棉水泥接口或橡胶圈接口
雨水管	明装或暗设		塑料管	黏接
			排水铸铁管	承插连接
	埋地		混凝土管	承插连接或柔性企口连接
			钢筋混凝土管	承插连接或柔性企口连接
			陶土管	承插连接

1.1.3 管道安装常用辅助材料

进行管道安装时,需要用到一些辅助材料,主要有密封材料、焊接材料、紧固件、涂料、保温材料几大类。

(1)密封材料:水泥、麻、铅油、生料带、石棉绳、橡胶板、石棉橡胶板等。

(2)焊接材料:电焊条、气焊熔剂。

(3)紧固件:螺栓和螺母、垫圈、膨胀螺栓、射钉等。

(4)涂料:主要用于管道防腐以及不同管道的区分。地面上的管道和设备多采用油漆涂料;设置在地下的管道则多采用沥青涂料。

(5)保温材料:为了减少冷量或热量的损失,通常需要在管道或设备外用绝热材料进行包缠。常用的保温材料有玻璃棉、石棉、膨胀珍珠岩、岩棉、泡沫塑料等。

1.2 水暖工程管道附件

给水管道系统中有很多附件和配件,包括各类阀门、水龙头、水表等;排水管道系统中也有清扫口、检查口等附件。

1.2.1　给水管道附件的分类及特性

给水管道附件是管网中用于调节水量、水压,控制水流方向,关断水流等各类装置的总称,分为配水附件和控制附件。配水附件是指各类水嘴或水龙头;控制附件是指各类阀门。

1. 阀门

阀门是流体输送系统中的控制部件,具有截止、调节、导流、防止逆流、稳压、分流或溢流泄压等功能。工业和民用安装工程中使用的阀门种类繁多,用途广泛,常见的有闸阀、截止阀、旋塞阀、球阀、蝶阀、隔膜阀、止回阀、节流阀、安全阀、减压阀和疏水阀等。

按不同的分类方法,阀门可分为不同的种类。

1) 按作用和用途划分

(1) 截断阀:其作用是接通或截断管路中的介质,如闸阀、截止阀、球阀、旋塞阀、蝶阀和隔膜阀等。

微课:管道
系统中的阀门

(2) 止回阀:其作用是防止管路中介质倒流,又称单向阀或逆止阀,离心水泵吸水管的底阀也属此类。

(3) 安全阀:其作用是防止管路或装置中的介质压力超过规定数值,以起到安全保护作用。

(4) 调节阀:其作用是调节介质的压力和流量参数,如节流阀、减压阀。在实际使用过程中,截断类阀门也常用来起到一定的调节作用。

(5) 分流阀:其作用是分离、分配或混合介质,如疏水阀。

2) 按压力划分

(1) 真空阀:指工作压力低于标准大气压的阀门。

(2) 低压阀:指公称压力小于或等于 1.6MPa 的阀门。

(3) 中压阀:指公称压力为 2.5~6.4MPa 压力等级的阀门。

(4) 高压阀:指公称压力为 10~80MPa 的阀门。

(5) 超高压阀门:指公称压力大于或等于 100MPa 的阀门。

3) 按工作温度划分

(1) 高温阀门:指工作温度高于 450℃ 的阀门。

(2) 中温阀门:指工作温度为 120~450℃ 的阀门。

(3) 常温阀门:指工作温度为 -40~120℃ 的阀门。

(4) 低温阀门:指工作温度为 -100~-40℃ 的阀门。

(5) 超低温阀门:指工作温度为 -100℃ 以下的阀门。

4) 按驱动方式划分

(1) 手动阀门:指靠人力操纵手轮、手柄或链条来驱动的阀门,如球阀、蝶阀、截止阀、闸阀、旋塞阀等。

(2) 动力驱动阀门:指可以利用各种动力源进行驱动的阀门,如电动阀、电磁阀、气动阀、液动阀等。

(3) 自动阀门:指无须外力驱动,而利用介质本身的能量来使阀门动作的阀门,如止回阀、安全阀、减压阀、疏水阀等。

2. 水表

水表是一种测量水的使用量的装置。常见于自来水的用户端,其读数可用于计算水费的依据。水表通常测量单位为立方英尺(ft³①)或是立方米(m³)。水表按不同的分类方法,可分为以下类型。

(1) 按测量原理,分为速度式水表和容积式水表。

① 速度式水表:安装在封闭管道中,由一个运动元件组成,并由水流运动速度直接使其获得动力速度的水表。典型的速度式水表有旋翼式水表、螺翼式水表。旋翼式水表中又有单流束水表和多流束水表。

② 容积式水表:安装在管道中,由一些被逐渐充满和排放流体的已知容积的容室和凭借流体驱动的机构组成的水表,或简称定量排放式水表。容积式水表一般采用活塞式结构。

(2) 按公称口径,分为小口径水表和大口径水表。

公称口径50mm及以下的水表通常称为小口径水表;公称口径50mm以上的水表称为大口径水表。这两种水表有时又称为民用水表和工业用水表。同时这种分法也可以从水表的表壳连接形式区别开来,公称口径50mm及以下的水表用螺纹连接;公称口径50mm以上的水表用法兰连接。但有些特殊类型的水表也有公称口径40mm用法兰连接的。

(3) 按用途,分为民用水表和工业用水表。

(4) 按安装方向,分为水平安装水表和立式安装水表。

按安装方向通常分为水平安装水表和立式安装水表(又称立式表),是指安装时其流向平行或垂直于水平面的水表,在水表的标度盘上用"H"代表水平安装,用"V"代表垂直安装。

容积式水表可于任何位置安装,不影响精度。

(5) 按介质温度,分为冷水水表和热水水表,水温30℃是其分界线。

① 冷水水表:介质下限温度为0℃,上限温度为30℃的水表。

② 热水水表:介质下限温度为30℃,上限温度为90℃或130℃或180℃的水表。

不同国家的要求有细微区别,有些国家冷水水表上限温度可达50℃。

(6) 按压力,分为普通水表和高压水表。

按使用的压力可分为普通水表和高压水表。在我国,普通水表的公称压力一般均为1MPa。高压水表是最大使用压力超过1MPa的各类水表,主要用于流经管道的油田地下注水及其他工业用水的测量。

1.2.2　排水管道附件的分类及特征

排水管道系统中存水弯、清通附件、地漏、通气帽等附件设施。

1. 存水弯

存水弯是在卫生器具内部或器具排水管段上设置的一种内有水封的配件,利用一定高度的静水压力来抵抗排水管内气压变化,隔绝和防止排水管道内所产生的难闻有害气体和可燃气体及小虫等通过卫生器具进入室内而污染环境。存水弯的形式通常有带清通丝堵和

---

① 1ft³=2.831685×10⁻²m³,全书同。

不带清通丝堵两种,按外形不同还可分为 P 形、S 形和 U 形,如图 1-1 所示。

(a) P形存水弯　　　　　　(b) S形存水弯　　　　　　(c) U形存水弯

图 1-1　存水弯

2. 清通附件

清通附件种类有检查口、清扫口和室内检查井等。其作用是对排水系统进行清扫和检查,方便疏通。

(1)检查口。检查口通常装设在排水立管及较长的排水横管上。

(2)清扫口。清扫口通常装设在排水横管的尽头,相当于一个堵头,可用于疏通。

(3)室内检查井。俗称"窨井",通常设置在埋地横干管的交汇、转弯及管径、坡度和高程变化的地方。

3. 地漏

地漏是连接排水管道系统与室内地面的重要接口,用以排除浴室、盥洗室、卫生间等地面积水的排水。根据规定,地漏的水封高度不得低于 50mm。

4. 通气帽

通气帽是安装于屋顶排水立管上的通气附件,作用是排除有害气体,减少室内污染和管道腐蚀,并向室内排水管道中补给空气,减轻立管内气压变化幅度,使水流通畅、气压稳定,防止卫生器具水封被破坏。

1.3　通风空调工程常用材料

通风空调工程中有风管系统和水管系统,其中水管系统的管道材料和附件与水暖系统相似,这里主要讲的是风管系统。

1.3.1　通风空调工程管道常用材料

通风与空调工程的风管和部、配件所用材料,一般可分为金属板材和非金属板材两种。

1. 金属板材

金属板材主要有普通薄钢板、镀锌薄钢板和塑料复合钢板等黑色金属材料。当有特殊要求(如防腐、防火等要求)时,可用不锈钢板、铝及铝合金板等板材。

1)普通薄钢板

普通薄钢板由碳素软钢经热轧或冷轧制成,俗称"黑铁皮"。有良好的机械强度和加工性能,价格便宜,在通风工程中应用广泛。但其表面易锈蚀,使用前应刷油防腐。

2）镀锌薄钢板

镀锌薄钢板是用普通薄钢板表面镀锌制成,俗称"白铁皮"。其表面镀锌层具有良好的防腐作用,常用于输送不受酸雾作用的潮湿环境中的通风、空调系统的风管及配件、附件的制作。常用的厚度为 0.5～1.5mm,其规格尺寸与普通薄钢板相同。

3）塑料复合钢板

塑料复合钢板是在 Q215、Q235 钢板表面上喷涂一层厚度为 0.2～0.4mm 的软质或半软质聚氯乙烯塑料膜制成,有单面覆层和双面覆层两种。这种复合钢板强度大,而且耐腐蚀,常用于防尘要求较高的空调系统和温度在－10～70℃的耐腐蚀系统的风管制作。

4）不锈钢板

耐大气腐蚀的镍铬钢叫不锈钢。不锈钢板有较高的化学稳定性,在高温下具有耐酸碱腐蚀能力,多用于化学工业中输送含有腐蚀性气体的通风系统。

5）铝及铝合金板

使用铝板制作风管,一般以纯铝为主。铝板具有良好的导电、导热性能,并且在许多介质中有较高的稳定性。但铝的强度较低,使其用途受限。因此为了改变铝的性能,在铝中加入一种或几种其他元素(如铜、镁等)制成铝合金板,其强度大幅度增加,常用于通风系统中的防爆系统。

2. 非金属板材

非金属板材主要有硬聚氯乙烯塑料板(硬塑板)、玻璃钢等。

1）硬聚氯乙烯塑料板

硬聚氯乙烯塑料(硬 PVC)板是由聚氯乙烯树脂加入稳定剂、增塑剂、填料、着色剂及润滑剂等压制(或压铸)而成。它具有表面平整光滑,耐酸碱腐蚀性较强,物理机械性能良好,易于二次加工成型等特点,在通风管道、部件和风机制造中,有广泛应用。

2）玻璃钢(玻璃纤维增强塑料)

玻璃钢是以玻璃纤维制品(如玻璃布)为增强材料,以树脂为黏结剂,经过一定的成型工艺制作而成的一种轻质高强度的复合材料。它具有较好的耐腐蚀性、耐火性和成型工艺简单等优点,在纺织、印染、化工等行业常用于排除腐蚀性气体的通风系统中。

3. 其他风管材料

除了以上风管材料,还可以因地制宜、就地取材,可以采用砖、混凝土、矿渣石膏板、木丝板等材料,制作成风井或风道。

4. 各种型钢

通风空调工程中,还经常需要用到大量角钢、扁钢、圆钢及槽钢等型钢材料,用于制作风管法兰、支吊架和风管部件等。

1.3.2　通风空调工程管道安装的辅助材料

通风与空调工程风管常用的辅助性材料有垫料、紧固件及其他材料。

1. 垫料

垫料主要用于风管之间、风管与设备之间的连接,用以保证接口的密封性。主要有石棉绳、石棉橡胶板、橡胶板、软聚氯乙烯塑料板、闭孔海绵橡胶板等。

2．紧固件

紧固件用于通风空调系统中的支架、吊架的安装以及风管法兰的连接。主要有螺栓、螺母、铆钉、垫圈等。

3．其他材料

通风空调工程中还常用到一些辅助性消耗材料。如切割、焊接用的氧气、乙炔气；风管法兰加热煨制时用的焦炭、木柴；锡焊时用的木炭、焊锡、盐酸；施工时用的锯条、破布等。

1.4 通风空调工程风管部件

风管系统中的各类风口、阀门、风罩、风帽、消声器、空气过滤器、检查门和测定孔等功能件统称为风管部件。

1.4.1 送风口

送风口又称为空气分布器。由于送风口的送风气流形成的气流流形、射程对空调房间的气流组织和空气参数控制影响最大，送风口通常设置在顶棚或侧墙等显著位置，而且外观还应达到与室内装饰相配合的要求，因此使送风口的形式种类繁多。

1．送风口的类型

1）按风口形式分类

按风口形式，送风口可分为百叶风口、散流器、喷口、条缝风口、旋流风口、孔板风口和专用风口（如椅子风口、灯具风口等）。

2）按风口送出气流形式分类

按风口送出气流的形式，送风口可分为扩散型送风口、轴向型送风口、线形送风口和面形送风口。

（1）扩散型送风口。扩散型送风口的送出气流呈辐射状向四周扩散，如散流器。这类送风口具有较大的诱导室内空气的作用，送风速度衰减快，射程较短。

（2）轴向型送风口。轴向型送风口的气流沿送风口轴线方向送出，如喷口。这类送风口诱导室内空气的作用小，送风速度衰减慢，射程远。

（3）线形送风口。线形送风口的气流通过狭长的线状风口送出，如条缝型送风口。这类送风口长宽比很大，可以方便控制气流方向和大小，能较好配合装修效果。

（4）面形送风口。面形送风口的气流从大面积的平面上均匀送出，如孔板送风口。这类送风口送风温度和速度分布均匀，衰减快。

3）按风口安装位置分类

按风口安装位置，可分为顶棚送风口、侧墙送风口及地面送风口等。

4）按风口送风方向分类

按风口送风方向，可分为下送风口、侧送风口和上送风口。

2．常用送风口举例

1）散流器

散流器是一种通常装在空调房间的顶棚或暴露风管的底部作为下送风使用的风口。其造型美观,易与房间装饰要求配合,是使用最广泛的送风口之一。

散流器类型按外形分为圆形、方形和矩形;按气流扩散方向分为单向的(一面送风)和多向的(两面、三面和四面送风);按送风气流流型分为下送型和平送型;按叶片结构分为流线型、直(斜)片式和圆环式。

2) 喷口

喷口是喷射式送风口的简称,是用于远距离送风的风口,其主要形式有圆形和球形两种。喷口通常作为侧送风口使用,喷口送风的优点:射程远、送风口数量需要少、系统简单、投资较小。常用于空间较大的公共建筑(如体育馆、影剧院、候机厅、展览馆等)和室温允许波动范围要求不太严格的高大厂房。

3) 条缝风口

条缝风口也称条缝型风口。按风口的条缝数分有单条缝、双条缝和多条缝等形式。基本特征是风口平面的长宽比值很大,使出风口形成"条缝"状,送风气流为扁平射流。一般是单独地水平或垂直安装,作为侧送风口使用。

舒适性空调常用的线形风口的叶片是固定的,其形状有 3 种,分别为直片式、单向倾斜式和双向倾斜式。

4) 旋流风口

依靠起旋器或旋流叶片等部件,使轴向气流起旋形成旋转射流。由于旋转射流的中心处于负压区,它能诱导周围大量空气与之混合,然后送至工作区。旋流风口分为下送式和上送式两种。

5) 孔板风口

孔板风口实际上是一块开有大量小孔(孔径一般为 6~8mm)的平板,材料为镀锌钢板、硬质塑料板、铝板、铝合金板或不锈钢板,通常与空调房间的顶棚合为一体,既是送风口,又是顶棚。经过处理的空气由风管送入楼板与开孔顶棚之间的空间(通常称为稳压层或静压箱),在静压的作用下,再通过大面积分布的众多小孔进入室内。根据孔板在顶棚上的布置形式不同,孔板风口可分为全面孔板和局部孔板两种形式。

6) 专用风口

专用风口又称为特种风口。通常只能与某些物件配套使用而成为独特的风口。例如,座椅送风口、台式送风口和灯具送风口等。座椅送风口一般设在座椅下面,多用于影剧院或会堂的座椅,由于属于上送风,且直接、就近地对人送风,因此能取得较好的节能效果。

1.4.2　风管阀门

风管系统中的阀门主要有 3 类:调节阀、防火阀、止回阀。

1. 调节阀

调节阀用于调节风量、打开或关断风系统,如蝶阀、插板阀、对开多叶调节阀等。

1) 蝶阀

蝶阀多用于风道分支处或空气分布器前端,转动阀板的角度即可改变空气流量。蝶阀使用较为方便,但严密性较差。

2）插板阀

插板阀多在风机出口或主干风道处用作开关。通过拉动手柄来调整插板的位置即可改变风道的空气流量，其调节效果好，但占用空间大。

3）对开多叶调节阀

对开多叶调节阀在通风空调工程的风管系统中，通常用于调节支管的风量，也可用于新风与回风的混合调节。可分为手动和电动两种。按照密封性，还可以分为密封型和普通型。

2. 防火阀

防火阀是防火阀、排烟防火阀、排烟阀的统称。

1）防火阀

防火阀安装在通风、空调系统的送、回风管路上，平时呈开启状态，火灾时当管道内气体温度达到70℃时，易熔片熔断，阀门在扭簧力作用下自动关闭，在一定时间内能满足耐火稳定性和耐火完整性要求，起隔烟阻火的作用。

2）排烟防火阀

排烟防火阀安装在机械排烟系统的管道上，平时呈开启状态，火灾时当排烟管道内烟体温度达到280℃时关闭，并在一定时间内满足漏烟量和耐火完整性要求，起隔烟阻火的作用。

3）排烟阀

排烟阀安装在机械排烟系统各支管端部（烟气吸入口），平时呈关闭状态并满足漏烟量要求，火灾或需要排烟时手动或电动打开，起排烟作用。

3. 止回阀

止回阀可以防止风机停止后气流倒转，主要有圆形和方形两种。

1.5　建筑设备工程施工机（工）具

1.5.1　水暖管道工程施工机（工）具

1. 管道施工常用手工工具

手工钢锯、管子割刀、管子台虎钳（龙门钳）、台虎钳、管钳、管子铰板、圆头锤、钢丝钳、起子、扳手、锉刀、凿刀、手锤等。

2. 管道施工常用测量工具

钢直尺、钢卷尺、皮卷尺、塞尺、铁水平尺、线锤、宽座角尺、木折尺等。

3. 管道施工常用机械及电动工具

千斤顶、弯管器、电动套丝切管机、砂轮切割机、手电钻、电锤、氧气割炬切割器等。

1.5.2　风管加工及安装施工机（工）具

1. 风管加工常用划线工具

钢板尺、直角尺、划规、划针、量角器、样冲、曲线板等。

2. 风管剪切常用工具

1) 手工剪切

直剪刀、弯剪刀、侧剪刀、手动滚轮剪刀等。

2) 机械剪切

龙门剪板机、振动式剪板机、双轮直线剪板机等。

3. 风管咬口常用工具

1) 手工咬口

木方尺、硬质木槌、钢制木槌、垫铁或钢管、咬口套等。

2) 机械剪切

单平咬口折边机、矩形弯头咬口折边机、直线多轮咬口机等。

4. 风管铆接常用工具

手动拉铆枪、电动拉铆枪、手提电动液压铆接机等。

思 考 题

1. 水暖工程常用的管道材料有哪些？
2. 管道常用连接方法有哪些？分别适用于哪些管材？
3. 根据作用划分，管道工程中的阀门有哪些类型？
4. 存水弯的作用是什么？存水弯有哪些类型？
5. 风管材料有哪些？
6. 风管部件有哪些？
7. 风管阀门有哪些类型？
8. 列举水暖管道施工的机(工)具。
9. 列举风管加工的机(工)具。

[学习心得]

第2章 建筑给水排水系统安装

章节概述

本章主要介绍建筑给水排水工程基础知识、给水排水管道系统及设备的安装要求、施工验收的程序和要求。

学习目标

了解室内给水、排水系统的分类、组成及各系统的工作原理；掌握各系统管道、附件及附属设施的铺设和安装要求、施工方法及施工质量验收的要求。

2.1 建筑给水排水工程基础知识

2.1.1 建筑给水系统

建筑给水系统是将市政给水管网(或自备水源)中的水引入一幢建筑或一个建筑群体，供人们生活、生产和消防之用，并满足各类用水对水质、水量和水压要求的冷水供应系统。

1. 建筑给水系统的分类

建筑给水系统按供水对象可分为生活、生产、消防3类基本的给水系统。

(1) 生活给水系统。为满足民用建筑和工业建筑内的饮用、盥洗、洗涤、淋浴等日常生活用水需要所设的给水系统称为生活给水系统，其水质必须满足国家规定的生活饮用水水质标准。生活给水系统的主要特点是用水量不均匀、用水有规律性。

微课：建筑给排水系统

(2) 生产给水系统。为满足工业企业生产过程用水需要所设的给水系统称为生产给水系统，如锅炉用水、原料产品的洗涤用水、生产设备的冷却用水、食品的加工用水、混凝土加工用水等。生产给水系统的水质、水压因生产工艺不同而异，应满足生产工艺的要求。生产给水系统的主要特点是用水量均匀、用水有规律性、水质要求差异大。

(3) 消防给水系统。为满足建筑物扑灭火灾用水需要而设置的给水系统称为消防给水系统。消防给水系统对水质的要求不高，但必须根据建筑设计防火规范要求，保证足够的水量和水压。消防给水系统的主要特点是对水质无特殊要求、短时间内用水量大、压力要求高。

生活、生产和消防这3种给水系统在实际工程中可以单独设置，也可以组成共用给水系统，如生活-生产共用的给水系统，生活-消防共用的给水系统，生活-生产-消防共用的给水系统等。采用何种系统，通常根据建筑物内生活、生产、消防等各项用水对水质、水量、水压、水温的要求及室外给水系统的情况，经技术经济比较后分析确定。

2. 建筑给水系统的组成

建筑内部给水系统一般由以下各部分组成：引入管，水表节点，给水管道，配水装置和附件，增压、贮水设备，给水局部处理设施等。建筑给水系统的组成见图2-1。

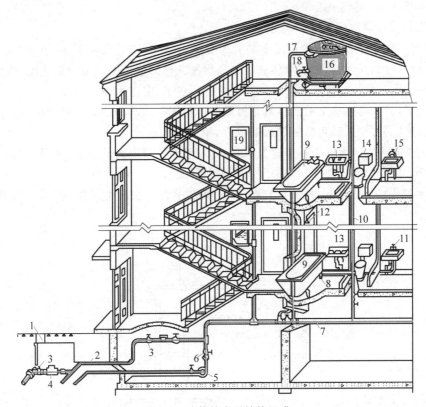

图 2-1　建筑给水系统的组成

1—阀门井；2—引入管；3—闸阀；4—水表；5—水泵；6—逆止阀；7—干管；8—支管；9—浴盆；10—立管；
11—水龙头；12—淋浴器；13—洗脸盆；14—大便器；15—洗涤盆；16—水箱；17—进水管；18—出水管；19—消火栓

（1）引入管：又称进户管，是市政给水管网和建筑内部给水管网之间的连接管道，从市政给水管网引水至建筑内部给水管网。

（2）水表节点：指引入管上装设的水表及其前后设置的阀门及泄水装置等的总称。水表用来计量建筑物的总用水量；阀门用于水表检修、更换时关闭管路；泄水阀用于系统检修时排空之用；止回阀用于防止水流倒流。

（3）给水管道：指建筑内给水水平干管、立管和支管。

（4）配水装置和附件：指配水龙头、各类阀门、消火栓、喷头等。

（5）增压、贮水设备：指当室外给水管网的水压、水量不能满足建筑给水要求时，或要求供水压力稳定、确保供水安全可靠时，应根据需要在给水系统中设置水泵、气压给水设备和水池、水箱等增压、贮水设备。

（6）给水局部处理设施：指当有些建筑对给水水质要求很高，超出生活饮用水卫生标准或其他原因造成水质不能满足要求时，就需设置一些设备、构筑物进行给水深度处理。

3. 室内给水系统中的设备

当室外给水管网的压力不能满足建筑物的水压要求时，应设置水泵、水池、水箱等升压和贮水设备。

1）水泵

水泵是给水系统中的主要升压设备。建筑给水系统中，一般采用体积小、结构简单、效率高的离心式水泵，简称离心泵。

水泵工作性能基本参数主要有以下几种。

（1）流量（Q）：单位时间内通过水泵的水的体积，单位常用 L/s 或 m³/h 表示。

（2）扬程（H）：单位质量的液体通过水泵后所获得的能量除以重力加速度，单位为 m。

（3）轴功率（N）：水泵从电动机处获得的全部功率，单位为 W 或 kW。

（4）效率（η）：通过水泵的液体真正得到的能量即有效功率 Nu 与轴功率 N 的比值。

（5）转速（n）：水泵轴每分钟转动的次数，单位为 r/min。

水泵的选择应以供水安全和节能为原则；水泵型号可根据流量和扬程查水泵样本选择。

2）水箱

高位水箱作用：贮存和调节供水量，稳定供水压力。水箱由箱体、各种管道及阀门组成，见图 2-2。

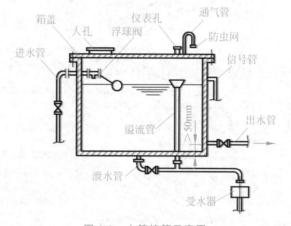

微课：水箱
结构及接管

图 2-2　水箱接管示意图

水箱上安装的管道主要有以下要求。

（1）进水管：当水箱直接由外网进水时，为防止溢流，进水管上应安装自动水位控制阀，并在进水端设检修阀门。

（2）出水管：由水箱侧壁或底部接出，其管底或入水口距水箱内底的距离应大于50mm，出水管上应设阀门，进出水管合用一条管道时，出水管上应设止回阀。

（3）溢流管：可穿过侧壁或底部接出，管口应高于设计最高水位 50mm，管径比进水管大一级。溢流管上不允许装设阀门，不允许直接与排水管道相连接。

（4）信号管：反映水位控制阀失灵的报警装置。可在溢流管口下 10mm 处设 15～20mm 的水位信号管，直通值班室，也可采用自动报警装置。

（5）泄水管：泄空水箱用，由箱底最低处接出。泄水管上应设阀门，平时关闭。

（6）通气管：使水箱内空气流通，保持水的新鲜性。

3）贮水池和吸水井

当不允许水泵直接从室外给水管网抽水时，应设贮水池；当不允许水泵直接从室外给水管网抽水,但外网能满足室内所需水量时,可不设贮水池,而仅设满足水泵吸水要求的吸水井。

4)气压给水设备

设置在屋顶的水箱利用其位置高度所形成的压力供水,但因高度有限,有时不能满足最不利配水点的水压要求,这时可采用气压给水设备。

2.1.2 建筑排水系统

建筑排水系统的任务就是将建筑物内卫生器具和生产设备产生的污废水、降落在屋面上的雨雪水加以收集后,顺畅地排放到室外排水管道系统中,便于排入污水处理厂或综合利用。

1. 建筑排水系统的分类

根据系统接纳的污废水类型,建筑排水系统可分为生活排水系统、工业废水排水系统、雨水排水系统三大类。

1)生活排水系统

生活排水系统用于排除居住建筑、公共建筑及工厂生活间人们日常生活产生的盥洗、洗浴和冲洗便器等污废水。为有效利用水资源,可进一步分为生活污水排水系统和生活废水排水系统。生活污水含有大量的有机杂质和细菌,污染程度较重,需排至城市污水处理厂进行处理,然后排放至河流或加以综合利用;生活废水污染程度较轻,经过适当处理后可以回用于建筑物或居住小区,用来冲洗便器、浇洒道路、绿化草坪植被等,可减轻水环境的污染,增加可利用的水资源。

2)工业废水排水系统

工业废水排水系统用于排除生产过程中产生的污废水。由于工业生产种类繁多,生产工艺存在着不同,所排水质极为复杂,为有效利用水资源,根据其污染程度又可分为生产污水排水系统和生产废水排水系统。生产污水污染较重,需要经过工厂自身处理,达到排放标准后再排至室外排水系统。生产废水污染较轻,可经简单处理后回收利用或排入河流。

3)雨水排水系统

雨水排水系统用于收集排除建筑屋面上的雨水和融化的雪水。

2. 建筑排水系统的组成

建筑排水系统一般由污废水受水器、排水管道、通气管、清通构筑物、提升设备、污水局部处理构筑物等组成。

1)污废水受水器

污废水受水器是排水系统的起端,用来承受用水和将使用后的废水、废物排泄到排水系统中的容器。主要指各种卫生器具、收集和排除工业废水的设备等。

2)排水管道

排水管道由器具排水管、排水横支管、排水立管、埋设在地下的排水干管和排出到室外的排出管等组成,其作用是将污(废)水能迅速安全地排除到室外。

3)通气管

通气管是指在排水管系统中设置的与大气相通的管道。通气管的作用是:卫生器具排水时,需向排水管系统补给空气,减小其内部气压的变化,防止卫生器具水封破坏,使水流畅通;将排水管系统中的臭气和有害气体排到大气中去;使管系内经常有新鲜空气和废气进行对流,减轻管道内废气造成的锈蚀。通气管有以下几种类型,见图 2-3。

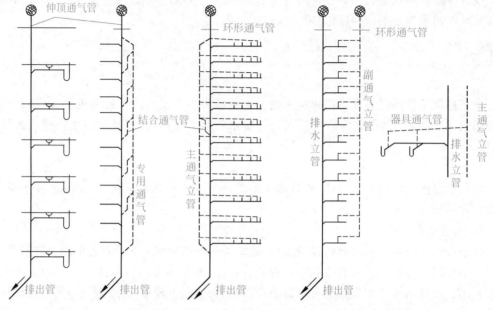

图 2-3 建筑排水系统通气方式示意图

(1)伸顶通气管。污水立管顶端延伸出屋面的管段称为伸顶通气管,作为通气及排除臭气用,是排水管系最基本的通气方式。生活排水管道或散发有害气体的生产污水管道均应设置伸顶通气管。伸顶通气管应高出屋面 0.3m 以上,如果有人停留的平屋面,应大于 2m,且应大于最大积雪厚度。伸顶通气管不允许或不可能单独伸出屋面时,可设置汇合通气管。

(2)专用通气管。指仅与排水立管连接,为污水立管内空气流通而设置的垂直管道。当生活排水立管所承担的卫生器具排水设计流量超过排水立管最大排水能力时,应设专用通气管。建筑标准要求较高的多层住宅、公共建筑、10 层及以上高层建筑宜设专用通气管。

(3)环形通气管。指在多个卫生器具的排水横支管上,从最始端两个卫生器具之间接至通气立管的管段。在连接 4 个及以上卫生器具且长度大于 12m 的排水横支管、连接 6 个及以上大便器的污水横支管上均应设置环形通气管。

(4)主通气立管。指与环形通气管和排水立管相连接,为使排水横支管和排水立管内空气流通而设置的垂直管道。

(5)副通气立管。指仅与环形通气管连接,为使排水横支管内空气流通而设的垂直管道。

(6)器具通气管。指卫生器具存水弯出口端一定高度处接至主通气立管的管段,可防止卫生器具产生自虹吸现象和噪音。对卫生安静要求高的建筑物,生活污水管宜设器具通气管。

（7）结合通气管。指排水立管与通气立管的连接管段。其作用是，当上部横支管排水，水流沿立管向下流动，水流前方空气被压缩，通过它释放被压缩的空气至通气立管。设有专用通气立管或主通气立管时，应设置结合通气管。

4）清通构筑物

污水中含有杂质，容易堵塞管道，为了清通建筑内部排水管道，保障排水畅通，需在排水系统中设置清扫口、检查口、室内埋地横干管上的检查井等清通构筑物。

（1）清扫口。清扫口一般设在排水横管上，用于单向清通排水管道，尤其是各层横支管连接卫生器具较多时，横支管起点均应装置清扫口。连接 2 个及以上的大便器或 3 个及以上的卫生器具的污水横管、水流转角小于 135°的污水横管，均应设置清扫口。清扫口安装不应高出地面，必须与地面平齐。

（2）检查口。检查口是一个带盖板的短管，拆开盖板可清通管道。检查口通常设置在排水立管上及较长的水平管段上，在建筑物的底层和设有卫生器具的二层以上建筑的最高层排水立管上必须设置，其他各层可每隔两层设置一个；立管如装有乙字管，则应在该层乙字管上部装设检查口；检查口设置高度一般从地面至检查口中心 1m 为宜。

（3）室内检查井。对于不散发有害气体或大量蒸汽的工业废水排水管道，在管道转弯、变径、坡度改变、连接支管处，可在建筑物内设检查井。对于生活污水管道，因建筑物通常设有地下室，故在室内不宜设置检查井。

5）提升设备

民用建筑的地下室、人防建筑、工业建筑等建筑物内的污废水不能自流排至室外时，需设置污水提升设备，污水提升设备设置在污水泵房（泵组间）内。建筑内部污废水提升包括污水泵的选择、污水集水池（进水间）容积的确定和污水泵房设计，常用的污水泵有潜水泵、液下泵和卧式离心泵。

6）污水局部处理构筑物

当室内污水未经处理不允许直接排入城市排水系统或水体时需设置局部处理构筑物。常用的局部水处理构筑物有化粪池、隔油井和降温池等。

（1）化粪池。化粪池是一种利用沉淀和厌氧发酵原理去除生活污水中悬浮性有机物的最初级处理构筑物。由于目前我国许多小城镇还没有生活污水处理厂，所以建筑物卫生间内所排出的生活污水必须经过化粪池处理后才能排入合流制排水管道。

（2）隔油井。隔油井可使含油污水流速降低，并使水流方向改变，使油类浮在水面上，然后将其收集排除，适用于食品加工车间、餐饮业的厨房排水、由汽车库排出的汽车冲洗污水和其他一些生产污水的除油处理。

（3）降温池。一般城市排水管道允许排入的污水温度规定不大于 40℃，所以当室内排水温度高于 40℃（如锅炉排污水）时，首先应尽可能将其热量回收利用。如不可能回收时，在排入城市管道前应采取降温措施，一般可在室外设降温池加以冷却。

3. 卫生器具

卫生器具用于收集和排除生活生产过程中产生的污、废水，通常分为三大类。

1）便溺用卫生器具的分类及特性

常用的便溺用卫生器具主要有大便器、小便器等。

（1）大便器。常用的大便器有坐式、蹲式和大便槽式 3 种类型。

① 坐式大便器。坐式大便器按冲洗的水力原理,可分为冲洗式和虹吸式两种。常见的坐式大便器有冲落式坐便器、虹吸式坐便器、喷射虹吸式大便器、旋涡虹吸式连体坐便器、喷出式坐便器。

② 蹲式大便器。蹲式大便器在使用中不与人体接触,较坐式大便器更卫生,因此在公共建筑的卫生间中广泛使用。蹲式大便器按类型可分为挂箱式、冲洗阀式;按用水量可分为普通型、节水型;按用途可分为成人型、幼儿型;按结构可分为有存水弯式、无存水弯式。

③ 大便槽式大便器。大便槽式大便器为可供多人同时大便用的长条形沟槽,采用隔板分成若干个蹲位。一般采用混凝土或钢筋混凝土浇筑,槽底有一定坡度。起端设有自动冲洗水箱,定时或根据使用人数自动冲洗。设备简单、造价低,但污物易附着在槽壁上,有恶臭且耗水量大,卫生情况较差。常用于学校、车站、游乐场所等低标准的公共厕所,现在已经很少使用。

(2) 小便器。小便器一般设置于公共建筑的男厕所内。按结构可分为冲落式、虹吸式;按用水量可分为普通型、节水型、无水型;按安装方式又可分为斗式、壁挂式、落地式。

2) 盥洗、沐浴用卫生器具的分类及特性

常用的盥洗、沐浴用卫生器具主要有洗脸盆、浴盆、淋浴器等。

(1) 洗脸盆。洗脸盆一般用于洗脸、洗手和洗头,设置在卫生间、盥洗室、浴室及理发室。洗脸盆的高度及深度适宜,盥洗不用弯腰较省力,使用不溅水,用流动水盥洗比较卫生。洗脸盆有长方形、椭圆形、马蹄形和三角形。洗脸盆常用的安装方式有立柱式、台式及托架式。

(2) 浴盆。浴盆设在住宅、宾馆、医院住院部等建筑的卫生间。多为搪瓷制品,也有陶瓷、玻璃钢、人造大理石、亚克力(有机玻璃)、塑料等制品。按使用功能有普通浴盆、坐浴盆和按摩浴盆 3 种;按形状有方形、圆形、三角形和人体形;按有无裙边分为无裙边和有裙边两类。

(3) 淋浴器。淋浴器是一种由莲蓬头、出水管和控制阀组成,喷洒水流供人沐浴的卫生器具。成组的淋浴器多用于有无塔供水设备的工厂、学校、机关、部队、集体宿舍、体育馆的公共浴室。与浴盆相比,淋浴器具有占地面积小、设备费用低、耗水量小、清洁卫生和避免疾病传染的优点。淋浴器按供水方式有单管式和双管式两类;按出水管的形式有固定式和软管式两类;按控制阀的控制方式有手动式、脚踏式和自动式 3 种;按莲蓬头分有分流式、充气式和按摩式等。

3) 洗涤用卫生器具的分类及特性

常用的洗涤用卫生器具主要有洗涤盆、污水盆、化验盆等。

(1) 洗涤盆。洗涤盆常设置在厨房或公共食堂内,用来洗涤碗碟、蔬菜等,医院的诊室、治疗室等处也可设置洗涤盆。

(2) 污水盆。污水盆又称污水池,常设置在公共建筑的厕所、盥洗室内,供洗涤拖把和倾倒污水之用。

(3) 化验盆。化验盆设置在工厂、科研机关和学校的化验室或实验室内,根据需要分别安装不同的龙头,如单联、双联、三联鹅颈等。

2.1.3　建筑中水系统

建筑中水系统是将民用建筑或建筑小区排放的生活废水、污水及冷却水、雨水等经适当处理后,回用于建筑或建筑小区作为生活杂用水的压力供水系统。

建筑中水系统包括原水系统、处理系统和供水系统 3 个部分。

1) 中水原水系统

中水原水是指被选作中水水源的未经处理的污、废水。可分为五大类:冷却水;沐浴、盥洗和洗衣排水;厨房排水;厕所排水;雨水。

2) 原水处理系统

原水处理系统是处理中水原水的各种构筑物及设备的总称,包括原水处理系统设施、管网及相应的计量检测设施。

3) 中水供水系统

中水供水系统是中水供水管网及相应的增压、贮水设备及计量装置的总称。

2.1.4　建筑消火栓给水系统

建筑消火栓给水系统是建筑给水系统的一个重要分支。包括室外消火栓系统和室内消火栓系统两大类。

1. 室外消火栓系统

室外消火栓系统由室外消防水源、室外消防管道和室外消火栓组成。

1) 室外消防水源

为确保供水安全可靠,通常采用 3 种类型的水源。

(1) 市政水或自备管网:由市政或自备给水管网通过倒流防止器向室外消火栓系统供水,通常与生活、生产管网合用。

(2) 天然水源:利用天然水源如湖泊、河流或水库,应确保枯水期最低水位时消防用水量的要求,保证率≥97%。

(3) 消防水池:市政给水管网和进水管或天然水源不能满足室外消防用水量,市政给水管道为枝状或只有 1 条进水管,或市政管网不允许直接吸水时,应设置消防水池。

2) 室外消防管道

(1) 室外消防给水管道应布置成环状。

(2) 室外消防给水管道的最小管径不应小于 100mm。

(3) 室外消防给水可分为高压、临时高压和低压供水。

3) 室外消火栓

室外消火栓是设置在建筑物外面的消防给水管网上的供水设施,主要供消防车从市政给水管网或室外消防给水管网取水实施灭火,也可以直接连接水带、水枪出水灭火。

室外消火栓有地上式和地下式两种类型。

2. 室内消火栓系统

室内消火栓系统由消火栓设备、消防水泵接合器、消防管道、消防水池和消防水箱等组成。

1）消火栓设备

消火栓设备由水枪、水带和消火栓组成,均安装于消火栓箱内,消火栓箱内有时还设置消防水泵启动按钮。

2）消防水泵接合器

水泵接合器是消防车和机动泵向建筑物内消防给水系统输送消防用水和其他液体灭火器的连接器具。水泵接合器有地上式、地下式、墙壁式3种。

3）消防管道

消防管道是指消火栓管道系统,用于连接消防设备、器材,输送消防灭火用水、气体或其他介质。

4）消防水池和消防水箱

消防水池用于贮存火灾延续时间内的室内消防用水量;屋顶设置的增压、稳压系统和水箱能保证消防水枪充实水柱,还可以贮存火灾初期10min消防用水量。

2.1.5　自动喷水灭火系统

自动喷水灭火系统是一种在发生火灾时能自动打开喷头喷水灭火,并同时发出火警信号的消防灭火设施,其扑灭初期火灾的效率在97%以上。

1. 自动喷水灭火系统的分类及组成

根据喷头的开闭形式,自动喷水灭火系统可分为闭式和开式两大类自动喷水灭火系统。闭式自动喷水灭火系统可分为湿式、干式、干湿式、预作用4种自动喷水灭火系统,开式自动喷水灭火系统又可分为雨淋、水幕、水喷雾自动喷水灭火系统。

1）闭式自动喷水灭火系统

闭式自动喷水灭火系统是指在系统中采用闭式喷头,平时系统为封闭系统,火灾发生时喷头打开,使得系统为敞开式系统喷水。闭式自动喷水灭火系统由水源、加压贮水设备、喷头、管网、报警装置等组成。

(1) 湿式自动喷水灭火系统:闭式喷头、湿式报警阀、报警装置、管网及供水设施等组成。

特点:此系统喷头常闭,管网中平时充满有压水。当建筑物发生火灾,火点温度达到开启闭式喷头时,喷头出水灭火。该系统结构简单,使用方便、可靠,便于施工、管理,灭火速度快、控火效率高,比较经济、适用,应用范围广,但由于管网中充满有压水,当渗漏时会损坏建筑装饰部位和影响建筑的使用。

适用场所:该系统适用于环境温度在4℃<t<70℃且装饰要求不高的建筑物。

(2) 干式自动喷水灭火系统:由闭式喷头、管道系统、干式报警阀、干式报警控制装置、充气设备、排气设备、和供水设施等组成。

特点:此系统喷头常闭,管网中平时不充水,充满有压气体(通常采用压缩空气)。当建筑物发生火灾且着火点温度达到开启闭式喷头时,喷头开启,排气、充水、灭火。该系统灭火时需先排气,故喷头出水灭火不如湿式系统及时,干式和湿式系统相比较,多增设一套充气设备,一次性投资高、平时管理较复杂、灭火速度慢。但管网中平时不充水,对建筑物装饰无影响,对环境温度也无要求,也可用在水渍不会造成严重损失的场所。

适用场所：该系统适用于温度低于4℃或温度高于70℃的建筑物和场所。

（3）干湿式喷水灭火系统：由闭式喷头、管道系统、专用报警阀、报警控制装置、充气设备、排气设备及供水设施等组成。

特点：此系统喷头常闭，管网根据季节交替充水或充气，是干式喷水灭火系统与湿式喷水灭火系统交替使用的系统形式，采用专用报警阀或采用干式报警阀与湿式报警阀叠加组成的阀门组来控制。在寒冷季节管路中充气，系统呈干式喷水灭火系统，在非冰冻季节管路中充水，系统呈湿式喷水灭火系统。

适用场所：该系统适用于冬季可能冰冻但又无采暖设施的场所。但这种系统每年随着季节变化进行干、湿转换，增加了管理和维护工作，同时还容易造成管路腐蚀，所以实际工程中一般应用较少。

（4）预作用喷水灭火系统：由预作用阀门、闭式喷头、管网、报警装置、供水设施以及探测和控制系统组成。

特点：该系统综合运用了火灾自动探测控制技术和自动喷水技术灭火。兼容了湿式和干式系统的特点。系统平时为干式，火灾发生时立刻变成湿式，同时进行火灾初期报警。系统由干式转为湿式的过程含有灭火预备功能，故称为预作用喷水灭火系统。这种系统由于有独到的功能和特点，因此，有取代干式自动喷水灭火系统的趋势。

适用场所：适用于对建筑装饰要求高、不允许有误而造成水渍损失的建筑物（如高级旅馆、医院、重要办公楼、大型商场等）、构筑物以及灭火要求及时的建筑物。

2）开式自动喷水灭火系统

开式自动喷水灭火系统是指在自动喷水灭火系统中采用开式喷头，平时系统为敞开状态，报警阀处于关闭状态，管网中无水，火灾发生时报警阀开启，管网先充水，喷头再喷水灭火。

（1）雨淋喷水系统：由开式喷头、管道系统、雨淋阀、火灾探测器、报警控制装置、控制组件和供水设备等组成。

特点：此系统喷头常开，当建筑物发生火灾时，由自动控制装置打开集中控制阀门，使整个保护区域所有喷头喷水冷却或灭火。具有出水量大、灭火及时的优点。

适用场所：该系统适用于火灾蔓延快、危险性大的建筑或部位。

（2）水幕系统：由水幕喷头、控制阀（雨淋阀或干式报警阀等）、探测系统、报警系统和管道等组成。

特点：水幕系统的主要目的不是用于灭火，而是通过密集喷洒形成的水墙或水帘，阻挡火势和烟气的蔓延，配合防火卷帘使用还可以起到冷却作用，增强其耐火性，有时也可作为防火分区的隔断设施。

适用场所：适用于火灾蔓延快、危险性大的建筑或部位、需防火隔离的开口部位，如舞台口、门窗、孔洞等处，用作隔离水帘、防火卷帘的冷却等。

（3）水喷雾系统：由水源、供水设备、管道、雨淋阀组、过滤器和水喷雾喷头组成。

特点：水喷雾喷头把水粉碎成细小的水雾滴后喷射到燃烧物质表面，通过冷却、窒息、乳化、稀释的作用来灭火。

适用场所：水喷雾灭火系统具有适用范围广的优点，不仅可以有效扑灭固体火灾，同时由于水雾具有不会造成液体火飞溅、电气绝缘性好的特点，在扑灭可燃液体火灾、电气火灾中均得到广泛的应用。

2. 自动喷水灭火系统的主要消防构件

1）喷头

闭式喷头的喷口用由热敏元件组成的释放机构封闭，当达到一定温度时能自动开启，如玻璃球爆炸、易熔合金脱离。闭式喷头的构造按溅水盘的形式和安装位置有直立型、下垂型、边墙型、吊顶型等洒水喷头之分。开式喷头根据用途又分为开启式、水幕式和喷雾式3种类型。

喷头的布置间距要求：在所保护的区域内任何部位发生火灾都能得到一定强度的水量。喷头的布置应根据天花板、吊顶的装修要求，布置成正方形、长方形和菱形3种形式。

2）报警阀

报警阀有湿式、干式、干湿式和雨淋式4种类型，作用是开启和关闭管网的水流，传递控制信号至控制系统并启动水力警铃直接报警，报警阀安装在喷淋给水立管上，距地面的高度一般为1.2m。

湿式报警阀用于湿式自动喷水灭火系统；干式报警阀用于干式自动喷水灭火系统；干湿式报警阀是由湿式、干式报警阀依次连接而成，在温暖季节用湿式装置，在寒冷季节则用干式装置；雨淋阀用于预作用、雨淋、水幕、水喷雾自动喷水灭火系统。

3）水流报警装置

水流报警装置主要有水力警铃、水流指示器、压力开关、延迟器和火灾探测器。

（1）水力警铃。水力警铃主要用于湿式系统，宜装在报警阀附近（其连接管不宜超过6m）。当报警阀开启，具有一定压力的水流冲动叶轮打铃报警。水力警铃不得由电动报警装置取代。

（2）水流指示器。水流指示器用于湿式系统，一般安装于各楼层的配水干管或支管上。当某个喷头开启喷水或管网发生水量泄漏时，管道中的水产生流动，引起水流指示器中桨片随水流而动作，接通电信号报警并指示火灾楼层。

（3）压力开关。压力开关垂直安装于延迟器和水力警铃之间的管道上。在水力警铃报警的同时，依靠警铃管内水压的升高自动接通电触点，完成电动警铃报警，向消防控制室传送电信号或启动消防水泵。

（4）延迟器。延迟器是一个罐式容器，安装于报警阀与水力警铃（或压力开关）之间的信号管道上，作用是防止由于水压波动（如水源发生水锤造成水压波动）引起水力警铃的误动作而造成误报警。

（5）火灾探测器。火灾探测器有感温和感烟两种类型，布置在房间或走道的顶棚下面。其作用是接到火灾信号后，通过电气自控装置进行报警或启动消防水泵。

2.2 建筑室内给水排水工程施工技术要求

2.2.1 给水排水管道安装工程施工工艺

1. 建筑给水管道施工工艺流程

施工准备→配合土建预留、预埋→管道支架制作安装→管道预制加工→管道安装→压力试验→防腐绝热→冲洗消毒→通水验收。

2. 建筑排水管道施工工艺流程

施工准备→配合土建预留、预埋→管道支架制作安装→管道预制加工→管道安装→封口堵洞→灌水试验→通球试验→通水验收。

3. 室内消火栓系统施工工艺流程

施工准备→干管安装→支管安装→箱体稳固→附件安装→管道调试压→冲洗→系统调试。

4. 自动喷水灭火系统施工工艺流程

施工准备→干管安装→报警阀安装→立管安装→分层干、支管安装→喷洒头支管安装与调试→管道冲洗→减压装置安装→报警阀配件及其他组件安装→喷洒头安装→系统通水调试。

微课：自动喷水
灭火系统安装

2.2.2 给水排水管道施工工艺要点

1. 施工准备

施工准备包括技术准备、材料准备、机具准备、场地准备、施工组织及人员准备。

(1) 熟悉图纸、资料及相关的国家或行业施工、验收、标准规范和标准图。

(2) 制定工程施工的工艺文件和技术措施，编制施工组织设计或施工方案，并向施工人员交底；向材料主管部门提出材料计划并做好出库、验收和保管工作。

(3) 准备施工机械、工具、量具等；准备加工场地、库房；做好分项图纸审查及有关变更工作；根据工程安装的实际情况，灵活选择施工组织形式。

(4) 按规范要求规定所需验证的工序交接点和相应质量记录，以保证施工质量的可追溯性。

(5) 组织项目施工管理人员和劳务作业人员；选择合适的专业、劳务分包单位等。

2. 配合土建工程预留、预埋

认真熟悉图纸及规范要求，校核土建图纸与安装图纸的一致性，现场实际检查预埋件、预留孔的位置、样式和尺寸，配合土建施工及时做好各种孔洞的预留及预埋管、预埋件的埋设。

3. 管道支架制作安装

管道支架、支座、吊架的制作安装，应严格控制焊接质量及支吊架的结构形式，如滚动支架、滑动支架、圈定支架、弹簧吊架等。支架安装时应按照测绘放线位置进行，安装位置应准确、间距合理，支架应固定牢固、滑动方向或热膨胀方向应符合规范要求。

4. 管道预制加工

管道预制应根据测绘放线的实际尺寸，本着先预制先安装的原则来进行，预制加工的管段应进行分组编号，非安装现场预制的管道应考虑运输的方便，预制阶段应同时进行管道的检验和底漆的涂刷工作。

5. 管道安装

(1) 管道安装原则：先主管后支管，先上部后下部，先里后外；对不同材质的管道应先安装钢质管道，后安装塑料管道，当管道穿过地下室侧墙时应在室内管道安装结束后再进行安装,安装过程应注意成品保护。

（2）冷热水管道上下平行安装时热水管道应在冷水管道上方,垂直安装时热水管道在冷水管道左侧。排水管道应严格控制坡度和坡向,当设计未注明安装坡度时,应按相应施工规范执行。室内生活污水管道应按铸铁管、塑料管等不同材质及管径设置排水坡度,铸铁管的坡度应高于塑料管的坡度。室外排水管道的坡度必须符合设计要求,严禁无坡倒坡。

（3）给水引入管与排水排出管的水平净距不得小于 1m。室内给水与排水管道平行敷设时,两管间的最小水平净距不得小于 0.5m;交叉铺设时,垂直净距不得小于 0.15m。给水管应铺在排水管上面,若给水管必须铺在排水管下面时,给水管应加套管,其长度不得小于排水管管径的 3 倍。

（4）埋地管道、吊顶内的管道等在安装结束、隐蔽之前应进行隐蔽工程的验收,并做好记录。

2.2.3 室内消火栓系统安装施工工艺要点

室内消火栓系统一般由消火栓箱、消火栓、水带、水枪、消防管道、消防水池、高位水箱、水泵接合器、加压水泵、报警装置等组成。室内消火栓通常安装在走廊的消火栓箱内,分明装、暗装及半暗装 3 种。明装消火栓是将消火栓箱设在墙面上;暗装和半暗装是将消火栓箱置于预留的墙洞内。

1. 施工准备

（1）熟悉图纸,核对消火栓设置方式、箱体外框规格尺寸和栓阀是单栓还是双栓等情况。

（2）对于暗装或半暗装消火栓,主体施工时,配合土建做好预留洞工作,留洞的位置标高应符合设计要求,留洞的大小不仅要满足箱体外框尺寸,还要留出必要的安装尺寸。

（3）消火栓箱及栓阀等设备材料,进场时必须检查验收。栓箱的规格型号应符合设计要求;箱体方正,表面平整、光滑;金属箱体无锈蚀、划痕,箱门开关灵活;栓阀外形规矩、无裂纹、开启灵活、关闭严密;具有出厂合格证和消防部门的使用许可证或质量证明文件。

2. 室内消火栓的安装

（1）消火栓的安装,首先要以栓阀位置和标高定出消火栓支管出口位置,经核定消火栓栓口(注意不是栓阀中心)距地面高度为 1.1m,然后稳固消火栓箱。箱体找正稳固后再把栓阀安装好,栓口应朝外或朝下。栓阀侧装在箱内时应安装在箱门开启的一侧,箱门开启应灵活。

（2）消火栓箱安装在轻体隔墙上应有加固措施,箱体内配件安装,应在交工前进行。消防水龙带应采用内衬胶麻带或锦纶带,折好放在挂架上,或卷实或盘紧放在箱内;消防水枪要竖放在箱体内侧,自救式水枪和软管应盘卷在卷盘上。消防水龙带与水枪和快速接头的连接,一般用 14 号钢丝绑扎两道,每道不少于两圈;使用卡箍时,在里侧加一道钢丝。

（3）建筑物顶层或水箱间设置的检查用的试验消火栓处应装设压力表。

（4）消火栓安装完毕,应清除箱内杂物,箱体内外局部刷漆有损坏的要补刷,暗装在墙内的消火栓箱体周围不应出现空鼓现象;管道穿过箱体处的空隙应用水泥砂浆或密封膏封严。

3. 消防水池(箱)的安装

采用临时高压给水系统时,应设消防水池和高位消防水箱。具体设置要求如下。

(1)供消防车取水的消防水池应设取水口或取水井,其水深应保证消防车的消防水泵吸水高度不超过 6m。取水口或取水井与被保护高层建筑的外墙距离不宜小于 5m 并不宜大于 100m。

(2)消防用水与其他用水共用的水池,应采取确保消防用水量不作他用的技术措施。

(3)寒冷地区的消防水池应采取防冻措施。

4. 消防水泵的安装

(1)消防给水系统应设置备用消防水泵,其工作能力不应小于其中最大一台消防工作泵。

(2)一组消防水泵,吸水管不应少于两条,当其中一条损坏或检修时,其余吸水管应仍能通过全部水量。

(3)消防水泵应采用自灌式吸水,其吸水管应设阀门,供水管上应装设试验和检查用压力表和 65mm 的放水阀门。

(4)消防水泵房应设不少于两条的供水管与环状管网连接。

(5)消防水泵应进行隔振处理,吸水管和出水管上应加装橡胶软接头,其基座应设隔振措施。水泵出水管设弹性吊架。

(6)消防水泵房应采用耐火极限不低于 2h 的隔墙和 1.5h 的楼板与其他部位隔开,并应设甲级防火门。

(7)当消防水泵房设在首层时,其出口宜直通室外;当设在地下室或其他楼层时,其出口应直通安全出口。

(8)水泵房内应安装保证正常工作照度的应急照明灯。

5. 水泵接合器的安装

(1)水泵接合器应安装在便于消防车接近的人行道或非机动车行驶地段,距室外消火栓或消防水池的距离宜为 15~40m。

(2)消防给水为竖向分区供水时,在消防车供水压力范围内的分区,应分别设置水泵接合器。

(3)水泵接合器宜采用地上式,当采用地下式水泵接合器时,应采用铸有"消防水泵接合器"标志的铸铁井盖,并在附近设置与消火栓区别的指示其位置的固定标志。

(4)墙壁式水泵接合器的安装高度距地面距离宜为 0.7m,与墙面上的门、窗、孔洞的距离不应小于 2m,且不应安装在幕墙下。

(5)地下式水泵接合器应使进水口与井盖地面距离不大于 0.4m,且不应小于井盖半径。

2.2.4 自动喷水灭火系统安装施工工艺要点

自动喷水灭火系统的组件主要有喷头、报警阀组、水力警铃、压力开关、水流指示器、信号阀及末端试水装置等。

1. 喷头安装

(1)喷头安装应在管道系统试压合格并冲洗干净后进行。安装时应使用专用扳手,严禁利用喷头的框架施拧;喷头的框架、溅水盘产生变形或释放原件损伤时,应采用规格、型号相同的喷头更换。安装喷头时不得对喷头进行拆装、改动,并严禁给喷头附加任何装饰性涂层。安装在易受机械损伤处的喷头,应加设喷头防护罩。

(2)喷头的安装位置应符合设计要求。当设计要求不明确时,其安装位置应注意如下规定。

① 除吊顶型喷头及吊顶下安装的喷头外,直立型、下垂型标准喷头,其溅水盘与顶板的距离,不应小于75mm,且不应大于150mm。

② 图书馆、档案馆、商场、仓库的通道上方设置喷头时,喷头与保护对象的水平距离不应小于0.3m。喷头溅水盘与保护对象的最小垂直距离:标准喷头不小于0.45m,其他喷头不小于0.9m。

③ 当梁、通风管道、排管、桥架等障碍物的宽度大于1.2m时,其下方应增设喷头。

④ 直立型、下垂型喷头与不到顶隔墙的水平距离,不得大于喷头溅水盘与不到顶隔墙顶面垂直距离的2倍。

2. 报警阀组的安装

(1)报警阀组的安装应在供水管网试压、冲洗合格后进行。

(2)报警阀组的安装应先安装水源控制阀、报警阀,然后根据设备安装说明书再进行辅助管道及附件的安装。水源控制阀、报警阀与配水干管的连接,应使水流方向一致。

(3)报警阀组的安装位置应符合设计要求,当设计无要求时,报警阀组应安装在便于操作的明显位置,距室内地面高度宜为1.2m;两侧与墙的距离不应小于0.5m;正面与墙的距离不应小于1.2m。安装报警阀组的室内地面应有排水设施。

(4)报警阀组附件安装

报警阀组附件包括压力表、压力开关、延时器、过滤器、水力警铃、泄水管等,应严格按照产品说明书或安装图册进行安装。

① 压力表。压力表应安装在报警阀上便于观测的位置。

② 压力开关。压力开关应竖直安装在通往水力警铃的管道上,且不应在安装中拆装改动。

③ 过滤器。报警水流通路上的过滤器应安装在延时器前,且是便于排渣操作的位置。

④ 水力警铃。水力警铃应安装在公共通道或值班室附近的外墙上,且应安装检修、测试用的阀门。水力警铃和报警阀组的连接应采用镀锌钢管,公称直径为15mm时,长度不应大于6m;公称直径为20mm时,长度不应大于20m。安装后的水力警铃启动压力不应小于0.05MPa。

3. 其他组件安装

1)水流指示器

水流指示器的安装应在管道试压和冲洗合格后进行。水流指示器前后应保持有5倍安装管径长度的直管段。应竖直安装在水平管道上,注意其指示的箭头方向应与水流方向一致。安装后的水流指示器桨片、膜片应动作灵活,不应与管壁发生碰擦。

2)信号阀

信号阀应安装在水流指示器前的管道上,与水流指示器之间的距离不应小于300mm。

3)末端试水装置

末端试水装置由试水阀、压力表及试水管道组成。试水管道和试水阀的直径均应为25mm。末端试水装置的出水应采用孔口出流的方式排入排水管道。

2.2.5 室内给水排水系统的试验与验收

1. 给水管道系统的压力试验

管道压力试验应在管道系统安装结束,经外观检查合格、管道固定牢固、无损检测和热处理合格、确保管道不再进行开孔、焊接作业的基础上进行。

水压试验的目的,一是检查管道及接口强度;二是检查接口的严密性。试压前应做好以下工作。

1) 水压试验前的准备工作

(1) 室内给水系统水压试验,应在支架、管卡固定后进行。

(2) 各接口处未做防腐,防结露和保温,以便外观检查。

(3) 水压试验时,系统或管路最高点应设排气阀,最低点应设泄水阀。

(4) 水压试验时各种卫生器具均未安装水嘴、阀门。

(5) 水压试验所用的压力表已检验准确,测试精度符合规定。

(6) 水压试验可使用手动或电动试压泵,试压泵应与试压管道连接稳妥。

2) 水压试验标准及检验方法

(1) 水压试验标准。室内给水管道的水压试验,必须符合设计要求,当设计未注明时,各种材质的给水管道系统试验压力均为工作压力的 1.5 倍,但不得小于 0.6MPa。

(2) 检验方法。

① 金属及复合管给水管道系统在试验压力下观测 10min,压力降不应大于 0.02MPa,然后降到工作压力进行检查,应不渗不漏。

② 塑料管给水系统应在试验压力下稳压 10min,压力降不得超过 0.05MPa,然后在工作压力的 1.15 倍状态下稳压 2h,压力降不得超过 0.03MPa,同时检查各连接处不渗不漏。

3) 水压试验的步骤及注意事项

(1) 水压试验应使用清洁的水作介质。试验系统的中间控制阀门应全部打开。

(2) 打开管道系统最高处的排气阀,从下往上向试压的系统注水,待水灌满后,关闭进水阀和排气阀。

(3) 启动试压泵使系统内水压逐渐升高,开至一定压力时,停泵对管道进行检查,无问题时,再升至试验压力。一般分 2~4 次使压力升至试验压力。

(4) 当压力升至试验压力时,按上述检验方法进行检查,达到上述要求且不渗不漏,即可认为强度试验合格。

(5) 位差较大的给水系统,特别是高层建筑的给水系统,在试压时要考虑静压影响,试验压力以最高点为准,但最低点压力不得超过管道附件及阀门的承压能力。

(6) 试压过程中如发现接口处渗漏,及时做上记号,泄压后进行修理,再重新试压,直至合格为止。

(7) 给水管道系统试压合格后,应及时将系统的水泄掉,防止积水冬季冻结而破坏管道。

2. 排水管道的灌水试验

室内排水管道一般均为无压力管道。因此,只试水不加压力,常称作闭水(灌水)试验。

（1）室内隐蔽或埋地排水管道在隐蔽前必须做灌水试验，灌水高度应不低于底层卫生器具的上边缘或底层地面高度。灌水到满水 15min，水面下降后再灌满观察 5min，液面不降，管道及接口无渗漏为合格。

（2）室外排水管网按排水检查井分段试验，试验水头应以试验段上游管顶加 1m，时间不少于 30min，逐段观察。

（3）室内雨水管应根据管材和建筑物高度选择整段方式或分段方式进行灌水试验。整段试验的灌水高度应达到立管上部的雨水斗，当灌水达到稳定水面后观察 1h，管道无渗漏为合格。

3. 排水管道的通水、通球试验

（1）通水试验。排水管道安装完毕后，需要先进行通水试验。采用自上而下的灌水方法，以灌水时能顺利流下不堵为合格。可以用木槌敲击管道疏通，并采用敲击听音的方法判断堵塞的位置，然后进行清理。

（2）通球试验。通水试验合格后，即可进行通球试验。排水管道主立管及水平干管安装结束后均应做通球试验，通球球径不小于排水管径的 2/3，通球率必须达到 100%。

通球试验方法：从排水立管顶端投入橡胶球，观察球在管道内的通过情况，必要时可以灌入一些水，使球能顺利流出为合格。

4. 消火栓试射试验

（1）室内消火栓系统在安装完成后应做试射试验。试射试验一般取有代表性的 3 处：即屋顶（或水箱间内）取一处和首层取两处。

（2）屋顶试验用消火栓试射可测得消火栓的出水流量和压力（充实水柱）；首层取两处消火栓试射，可检验两股充实水柱同时喷射到达最远点的能力。

5. 给水系统清洗

给水管道系统水压试验合格后，应进行管道系统清洗。

进行热水管道系统冲洗时，应先冲洗热水管道底部干管，后冲洗各环路支管。由临时供水入口向系统供水，关闭其他支管的控制阀门，只开启干管末端支管最底层的阀门，由底层放水并引至排水系统内。观察出水口处水质变化是否清洁。底层干管冲洗后再依次冲洗各分支环路，直至全系统管路冲洗完毕为止。生活给水系统管道在交付使用前必须冲洗和消毒，并经有关部门取样检验，符合《生活饮用水卫生标准》（GB 5749—2006）的规定方可使用。

6. 管道防腐隔热

（1）管道的防腐方法主要有涂漆、衬里、静电保护和阴极保护等。例如，进行手工油漆涂刷时，漆层要厚薄均匀一致。多层涂刷时，必须在上一遍涂膜干燥后才可涂刷第二遍。

（2）管道绝热按其用途可分为保温、保冷、加热保护 3 种类型。若采用橡塑保温材料进行保温时，应先把保温管用小刀划开，在划口处涂上专用胶水，然后套在管子上，将两边的划口对接，若保温材料为板材则直接在接口处涂胶、对接。

7. 给水排水工程的验收

给水排水工程应当按照分项、分部或单位工程进行验收。分项、分部工程的验收，根据工程施工的特点，可分为隐蔽工程的验收，分项中间验收和竣工验收。

1）隐蔽工程验收

隐蔽工程是指下道工序做完能将上道工序掩盖，无法再复查是否符合质量要求的工程部位,如暗装的或埋地的给水排水管道,均属隐蔽工程。

隐蔽工程应在隐蔽前经验收各方检验合格后,才能隐蔽,并形成记录。

2）分项工程的验收

在管道施工安装过程中,其分项工程完工、交付使用时,应办理中间验收手续,做好检查记录,以明确使用保管责任。

3）竣工验收

工程竣工后,各施工责任方内部应进行安装工程的预验收,提交工程验收报告,总承包方经检查确认后,向建设单位提交工程验收报告。建设单位组织有关的施工、设计、监理进行单位工程验收,经检查合格后,办理竣工验收手续及有关事宜。

竣工验收应重点检查和校验下列各项。

（1）管道的坐标、标高和坡度是否合乎设计或规范要求。

（2）管道的连接点或接口是否清洁整齐严密不漏。

（3）卫生器具和各类支架、支墩位置是否正确,安装是否稳定牢固。

（4）给水排水及消防系统的通水能力符合下列要求。

① 室内给水系统,同时开放最大数量的配水点是否全部达到额定流量。消火栓能否满足最大消防能力。

② 室内排水系统,按给水系统的1/3配水点同时开放,检查排水点是否通畅,接口处有无渗漏。

③ 高层建筑可根据管道布置,采取分层、分段做通水试验。

4）单位工程的竣工验收

单位工程竣工验收,应在各分项、分部工程验收合格后进行。验收时,应具有下列资料。

（1）施工图、竣工图及设计变更文件。

（2）设备、制品或构件和主要材料的质量合格证明书或试验记录。

（3）隐蔽工程验收记录和分项工程中间验收记录。

（4）设备试验记录。

（5）水压试验记录。

（6）管道灌水记录。

（7）通水、通球记录。

（8）管道冲洗记录。

（9）工程质量事故处理记录。

2.3 室内给水系统安装

2.3.1 给水管道及配件安装

1. 室内给水系统安装的一般规定

（1）给水管道必须采用与管材相适应的管件。生活给水系统所涉及的材料必须达到饮水卫生标准。

目前市场上可供选择的给水系统管材种类繁多,每种管材均有自己的专用管道配件及连接方法,给水管道必须采用与管材相适应的管件,以确保工程质量。为防止生活饮用水在输送中受到二次污染,生活给水系统所涉及的材料必须达到饮用水卫生标准。

(2)建筑给水系统所使用的主要材料、成品、半成品、配件、器具和设备必须具有中文质量合格证明文件,规格、型号及性能检测报告应符合国家技术标准或设计要求。进场时应做检查验收,并经监理工程师核查确认。

(3)给水立管和装有3个或3个以上配水点的支管始端,均应安装可拆卸的连接件。

(4)给水水平管道应有2‰~5‰的坡度坡向泄水装置。

(5)冷、热水管道同时安装时应符合下列规定。

① 上、下平行安装时热水管应在冷水管上方。

② 垂直平行安装时热水管应在冷水管左侧。

(6)地下室或地下构筑物外墙有管道穿过的,应采取防水措施。对有严格防水要求的建筑物,必须采用柔性防水套管。

(7)管道穿过结构伸缩缝、抗震缝及沉降缝敷设时,应根据情况采取下列保护措施。

① 在墙体两侧采取柔性连接。

② 在管道或保温层外皮上、下部留有不小于150mm的净空。

③ 在穿墙处做成方形补偿器,水平安装。

2. 室内给水管道布置、敷设原则及安装规定

室内给水管道由引入管、干管、立管、支管和管道配件组成,其布置及敷设原则和要求见表2-1和表2-2,有关净距见表2-3。

表 2-1 给水管道布置及敷设原则

管 道 布 置	管 道 敷 设
1. 给水引入管及室内给水干管宜布置在用水量最大处或不允许间断供水处; 2. 室内给水管道一般采用枝状布置,单向供水,当不允许间断供水时,可从室外环状管网不同侧设两条引入管,在室内连成环状或贯通枝状双向供水; 3. 给水管道的位置不得妨碍生产操作、交通运输和建筑物的使用;管道不得布置在遇水能引起燃烧、爆炸或损坏的产品和设备的上面,并尽量避免在设备上面通过; 4. 给水埋地管道应避免布置在可能受重物压坏处,管道不得穿越设备基础; 5. 塑料给水管不得布置在灶台上边缘;明设的塑料给水管距灶边不得小于0.4m;距燃气热水器边缘不得小于0.2m,达不到此要求时应有保护措施	1. 给水管道一般宜明设,尽量沿墙、梁、柱直线敷设;当建筑有要求时,在管槽、管井、管沟及吊顶内暗设; 2. 给水管道不得敷设在烟道、风道、排水沟内,不宜穿过商店的橱窗、民用建筑的壁柜及木装修处,并不得穿过大便槽和小便槽; 3. 给水管道不得穿过变配电间; 4. 给水管道宜敷设在不冻结的房间内,否则管道应采取保温防冻措施; 5. 给水管道不宜穿过伸缩缝、沉降缝,若必须穿过时,应有相应的技术措施; 6. 给水引入管应有不小于3‰的坡度坡向室外阀门井;室内给水横管宜有2‰~5‰的坡度坡向泄水装置

表 2-2　给水管道布置及敷设要求

项　目	主　要　内　容
引入管	1. 每条引入管上均应装设阀门和水表,必要时还要有泄水装置; 2. 引入管应有不小于 3‰ 的坡度,坡向室外给水管网; 3. 给水引入管与排水排出管的水平净距,在室外不得小于 1.0m,在室内平行敷设时其最小水平净距为 0.5m,交叉敷设时,垂直净距为 0.15m,且给水管在上面; 4. 引入管或其他管道穿越基础或承重墙时,要预留洞口,管顶与洞口间的净空一般不小于 0.15m; 5. 引入管或其他管道穿越地下室或地下构筑物外墙时,应采取防水措施,根据情况采用柔性防水套管或刚性防水套管
干管和立管	1. 给水横管应有 0.2%~0.5% 的坡度坡向可以泄水的方向; 2. 与其他管道同地沟或共支架敷设时,给水管应在热水管、蒸汽管的下面,在冷冻管或排水管的上面;给水管不要与输送有害、有毒介质的管道、易燃介质管道同沟敷设; 3. 给水立管和装有 3 个或 3 个以上配水点的支管,在始端均应装设阀门和活接头; 4. 立管穿过现浇楼板应预留孔洞,孔洞为正方形时,其边长与管径的关系为:DN32 以下为 80mm,DN32~DN50 为 100mm,DN70~DN80 为 160mm,DN100~DN125 为 250mm;孔洞为圆孔时,孔洞尺寸一般比管径大 50~100mm; 5. 立管穿楼板时要加套管,套管底面与楼板底齐平,套管上沿一般高出楼板 20mm;安装在厨房和卫生间地面的套管,套管上沿应高出地面 50mm
支管	1. 支管应有不小于 2‰ 的坡度坡向立管; 2. 冷热水立管并行敷设时,热水管在左侧,冷水管在右侧;水平并行敷设时,热水管在冷水管上面; 3. 明装支管沿墙敷设时,管外皮距墙面应由 20~30mm 的距离(当 DN<32 时); 4. 卫生器具上的冷热水龙头,热水龙头在左侧,冷水龙头在右侧

表 2-3　给水管道与其他管道最小净距要求

名　称	最　小　净　距
引入管	1. 在平面上与排水管道不小于 1000mm; 2. 与排水管水平交叉时,不小于 150mm
水平干管	1. 与排水管道的水平净距一般不小于 500mm; 2. 与其他管道的净距不小于 100mm; 3. 与墙、地沟壁的净距不小于 80~100mm; 4. 与梁、柱、设备的净距不小于 50mm; 5. 与排水管交叉垂直净距不小于 150mm
立管	不同管径的距离要求如下: 1. 当 DN≤32 时,至墙的净距不小于 25mm; 2. 当 DN32~DN50 时,至墙的净距不小于 35mm; 3. 当 DN70~DN100 时,至墙的净距不小于 50mm; 4. 当 DN125~DN150 时,至墙的净距不小于 60mm
支管	与墙面净距一般为 20~25mm

3. 室内给水系统附件的安装

(1)阀门安装。阀门安装前,应作强度和严密性试验,并应符合以下规定:阀门的强度试验压力为公称压力的 1.5 倍；严密性试验压力为公称压力的 1.1 倍。

（2）水表安装。水表应安装在便于检修、不受曝晒、污染和冻结的地方。安装螺翼式水表，表前与阀门应有不小于 8 倍水表接口直径的直线管段。表外壳距墙表面净距为 10～30mm；水表进水口中心标高按设计要求，允许偏差为±10mm。

2.3.2　室内给水设备安装

1. 水泵安装

（1）水泵就位前的基础混凝土强度、坐标、标高、尺寸和螺栓孔位置必须符合设计规定。

（2）水泵试运转的轴承温升必须符合设备说明书的规定。

（3）立式水泵的减振装置不应采用弹簧减振器。

2. 水箱安装

（1）水箱支架或底座安装，其尺寸及位置应符合设计规定，埋设平整牢固。

（2）水箱溢流管和泄放管应设置在排水地点附近但不得与排水管直接连接。

（3）敞口水箱需要作满水试验，静置 24h 观察，不渗不漏为合格。

（4）密闭水箱（罐）需要作水压试验，在试验压力下 10min 压力不降，不渗不漏为合格。

2.4　室内排水系统安装

2.4.1　室内排水管道及附件安装

生活污水管道应使用塑料管、铸铁管或混凝土管（由成组洗脸盆或饮用喷水器到共用水封之间的排水管和连接卫生器具的排水短管，可使用钢管）。

雨水管道宜使用塑料管、铸铁管、镀锌钢管或混凝土管等。悬吊式雨水管道应选用钢管、铸铁管或塑料管。易受振动的雨水管道（如锻造车间等）应使用钢管。

1. 室内排水管道的安装顺序

室内排水管道的安装顺序：先地下，后地上；先排出管、底层埋地排水横管、底层器具排水短管、隐蔽排水管灌水试验及验收，后排水立管、各楼层排水横管、卫生器具排水短管及附件等；通气管的安装应配合土建屋面施工进行。

2. 排水管道布置敷设的原则

（1）排水管道的布置不得妨碍生产操作、交通运输和建筑物的使用；管道不得布置在遇水能引起燃烧、爆炸或损坏的产品和设备的上面。

（2）架空管道不得吊设在生产工艺或对卫生有特殊要求的生产厂房内。架空管道不得吊设在食品仓库、贵重商品仓库、通风小室及配电间内。

（3）排水管道应避免布置在饮食业厨房的主副食操作烹调的上方，不能避免时应采取防护措施。

（4）生活污水立管应尽量避免穿越卧室、病房等对卫生、安静要求较高的房间。

（5）排水管穿过地下室外墙或地下构筑物的墙壁处，应采取防水措施。

（6）排水埋地管道应避免布置在可能受到重物压坏处，管道不得穿越生产设备基础。

（7）排水管道不得穿过沉降缝、抗震缝、烟道和风道。

（8）排水管道应避免穿越伸缩缝，若必须穿过时，应采取相应技术措施，不得使管道直接承受拉伸和挤压。

（9）排水管道穿过承重墙或基础处应预留孔洞或加套管，且管顶上部净空一般不小于150mm。

3. 室内排水管道安装技术要求

（1）卫生器具排水管与排水横支管可用90°斜三通连接。

（2）生活污水管的横管与横管、横管与立管的连接，应采用45°三通或45°四通和90°斜三通或90°斜四通（TY形）管件；立管与排出管的连接，应采用两个45°的弯头或弯曲半径不小于4倍管径的90°弯头。

（3）排出管与室外管道连接，前者管顶标高要大于后者；连接处的水流转角不得小于90°，若有大于0.3m的落差可不受角度限制。

（4）在排水立管上每两层设一个检查口，且间距不宜大于10m，但最底层和有卫生设备的最高层必须设置；检查口的设置高度距地面为1.0m，朝向应便于立管的疏通和维修。

（5）在连接2个及以上大便器或3个及以上卫生器具的污水横管上应设置清扫口。

（6）污水横管的直线管段较长时，为便于疏通和防止堵塞，应按表2-4的规定设置检查口或清扫口。

表 2-4 检查口或清扫口布置的间距要求

管径 DN/mm	最大间距/m			清扫设置种类
	生产废水	生活污水及与之类似的生产污水	含有较多悬浮物和沉淀物的生产污水	
≤75	15	12	10	检查口
≤75	10	8	6	清扫口
100～150	15	10	8	清扫口
100～150	20	15	12	检查口
200	25	20	15	检查口

（7）当污水管在楼板下悬吊敷设时，污水管起点的清扫口可设在上一层楼地面上，清扫口与管道垂直的墙面距离不得小于200mm。若污水管起点设置堵头代替清扫口时，与墙面距离不得小于400mm。

（8）在转角小于135°的污水横管上，应设置检查口或清扫口。

（9）埋在地下或地板下的排水管道的检查口，应设在检查井内。井底表面标高与检查口的法兰相平，井底表面应有5%坡度坡向检查口。

（10）地漏应设置在房间最低处，箅子面应比地面低5mm左右；地漏水封深度不得小于50mm。

（11）排水通气管不得与风道或烟道连接，且应符合下列规定。

通气管高出屋面300mm，且必须大于最大积雪厚度；在经常有人停留的平屋顶上，通气管应高出屋面2m，并应根据防雷需要设置防雷装置；在通气管出口4m以内有门、窗时，通气管应高出门、窗顶 600mm 或将其引向无门、窗的一侧。

（12）排水立管与墙壁的距离，既要考虑便于操作，又要考虑整齐美观、不影响使用，一般规定管承口外皮距离墙净距 20～40mm。

（13）饮食业工艺设备引出的排水管及饮用水箱的溢流管不得与污水管道直接连接，并应留有不小于 100mm 的隔断空间。

（14）安装未经消毒处理的医院含菌污水管道，不得与其他排水管道直接连接。

（15）室内排水管道安装完毕后应做灌水、通球试验。

（16）室内排水管道防结露隔热措施：为防止夏季管道表面结露，设置在楼板下、吊顶内及管道结露影响使用要求的生活污水排水横管，应按设计要求做好防结露隔热措施，保温材料及其厚度应符合设计规定。无具体要求时，可采用 20mm 厚阻燃型聚氨酯泡沫塑料。

（17）生活污水管必须设置朝向排水方向的坡度，坡度要求如下。

① 生活污水铸铁管道的坡度必须符合设计或表 2-5 的规定。

表 2-5　生活污水铸铁管道的坡度

项次	管径/mm	标准坡度/‰	最小坡度/‰
1	50	35	25
2	75	25	15
3	100	20	12
4	125	15	10
5	150	10	7
6	200	8	5

② 生活污水塑料管道的坡度必须符合设计或表 2-6 的规定。

表 2-6　生活污水塑料管道的坡度

项次	管径/mm	标准坡度/‰	最小坡度/‰
1	50	25	12
2	75	15	8
3	100	12	6
4	125	10	5
5	160	7	4

（18）排水塑料管必须按设计要求及位置装设伸缩节。如设计无要求时，伸缩节间距不得大于 4m。

（19）高层建筑中明设排水塑料管道应按设计要求设置阻火圈或防火套管。

（20）金属排水管道上的吊钩或卡箍应固定在承重结构上。固定件间距：横管不大于 2m；立管不大于 3m。楼层高度小于或等于 4m 时，立管可安装 1 个固定件。

（21）排水塑料管道支吊架最大间距应符合表 2-7 的规定。

表 2-7　排水塑料管道支吊架最大间距　　　　　　　　　　　　单位：m

管径/mm	立管	横管	管径/mm	立管	横管
50	1.2	0.5	125	2.0	1.3
75	1.5	0.75	160	2.0	1.6
110	2.0	1.1			

2.4.2　雨水排水管道及附件安装

1. 雨水管道及管件

（1）重力流雨水系统。重力流雨水系统由雨水斗、连接管、悬吊管、雨水立管、排出管、埋地管组成。悬吊管应采用铸铁管或塑料管，且铸铁管的坡度不小于1‰，塑料管坡度不小于5‰；雨水立管一般采用铸铁管或塑料管；埋地管一般采用混凝土管、钢筋混凝土管或陶土管。

（2）压力流雨水系统。压力流雨水系统一般由雨水斗、管道、管配件、管道固定装置系统组成。压力流雨水系统的管材及管件，可采用高密度聚乙烯（HDPE）管。

2. 雨水管道安装技术要求

（1）安装在室内的雨水管道安装后应作灌水试验，灌水高度必须到每根立管上部的雨水斗。检验方法：灌水试验持续1h，不渗不漏。这样做主要是为了保证工程质量，因为雨水管有时是满管流，需要具备一定的承压能力。

（2）雨水管道如采用塑料管，其伸缩节安装应符合设计要求，间距不大于4m。塑料排水管要求每层设伸缩节，作为雨水管也应按设计要求安装伸缩节。

（3）悬吊式雨水管道的敷设坡度不得小于5‰；埋地雨水管道的最小坡度，应符合表2-8的规定。

表 2-8　埋地雨水管道的最小坡度

项次	管径/mm	最小坡度/‰
1	50	20
2	75	15
3	100	8
4	125	6
5	150	5
6	200~400	4

（4）雨水管道不得与生活污水管道相连接。这样要求主要是防止雨水管道满水后倒灌到生活污水管，破坏水封造成污染并影响雨水排出。

（5）雨水斗的连接应固定在屋面承重结构上。雨水斗边缘与屋面相连处应严密不漏。连接管管径当设计无要求时，不得小于100mm。

（6）悬吊式雨水管道的检查口（或带法兰堵口的三通）的间距不得大于表2-9的规定。

表 2-9　悬吊式雨水管道的检查口的间距

项次	悬吊管直径/mm	检查口间距/m
1	≤150	≤15
2	≥200	≤20

3. 雨水斗

雨水斗设置在屋面雨水由天沟进入雨水管道入口处。雨水斗有虹吸式雨水斗、87型雨水斗、堰流式雨水斗3类。

2.5　卫生器具安装

2.5.1　卫生器具安装要求

卫生器具主要包括室内污水盆、洗涤盆、洗脸（手）盆、盥洗槽、浴盆、淋浴器、大便器、小便器、小便槽、大便冲洗槽、妇女卫生盆、化验盆、排水栓、地漏、加热器、煮沸消毒器和饮水器等。

1. 卫生器具安装前的质量检查

在进行安装前，应对卫生器具及其附件（如配水龙头、冲洗洁具、存水弯等）进行质量检查。质量检查包括器具外形、瓷质、色泽、瓷体有无破损、各部分构造尺寸等。

质量检查的方法如下。

（1）外观检查：表面有无缺陷。

（2）敲击检查：轻轻敲打，声音实而清脆是未受损伤的，声音沙哑是受损伤破裂的。

（3）丈量检查：用钢卷尺仔仔细量测主要尺寸。

（4）通球检查：对圆形孔洞可做通球检查，检查用球的直径为孔洞直径的0.8倍。

（5）盛水试验：盛水试验目的是检验卫生器具是否渗漏，盛水高度如下。

① 大小便冲洗槽、水泥拖布池、盥洗槽等，充水深度为槽深的1/2。

② 坐式、蹲式大便器的冲洗水箱，充水至控制水位。

③ 洗脸盆、洗涤盆、浴盆等，充水至溢水口处。

④ 蹲式大便器充水至上边缘深5mm。

2. 卫生器具的安装要求

卫生器具在安装上应做到准确、牢固、不漏、美观、适用、方便。

1）安装的准确性

卫生器具安装的标高、位置等应做到准确无误。卫生器具的安装高度和给水配件的安装高度，应按照设计要求，如设计无明确要求时，应符合表2-10和表2-11的规定。

表2-10　卫生器具安装高度

项次	卫生器具名称		卫生器具安装高度/mm		备　注
			居住和公共建筑	幼儿园	
1	污水盆（池）	架空式	800	800	—
		落地式	500	500	
2	洗涤盆（池）		800	800	自地面至器具上边缘
3	洗涤盆、洗手盆（有塞、无塞）		800	500	
4	盥洗槽		800	500	
5	浴盆		≤520	—	
6	蹲式大便器	高水箱	1800	1800	自台阶面至高水箱底
		低水箱	900	900	自台阶面至低水箱底

续表

项次	卫生器具名称			卫生器具安装高度/mm		备　注
				居住和公共建筑	幼儿园	
7	坐式大便器	高水箱		1800	1800	自地面至高水箱底
		低水箱	外露排水管式	510	370	自地面至低水箱底
			虹吸喷射式	470		
8	小便器	挂式		600	450	至受水部分上边缘
		立式		100	—	至受水部分上边缘
9	小便槽			200	150	自地面至台阶面
10	大便槽冲洗水箱			≥2000		自台阶面至水箱底
11	妇女卫生盆			360	—	自地面至器具上边缘
12	化验盆			800	—	自地面至器具上边缘

表 2-11　卫生器具给水配件的安装高度

项次	给水配件名称		配件中心距地面高度/mm	冷热水龙头距离/mm
1	架空式污水盆(池)水龙头		100	—
2	落地式污水盆(池)水龙头		800	—
3	洗涤盆(池)水龙头		1000	150
4	住宅集中给水龙头		1000	—
5	洗手盆水龙头		1000	—
6	洗脸盆	水龙头(上配水)	1000	150
		水龙头(下配水)	800	150
		角阀(下配水)	450	—
7	盥洗槽	水龙头	1000	150
		冷热水管上下并行,热水龙头	1100	150
8	浴盆	水龙头(上配水)	670	150
		冷热水管上下并行,热水龙头	770	—
9	淋浴器	截止阀	1150	95
		混合阀	1150	—
		淋浴喷头下沿	2100	—
10	蹲式大便器(台阶面算起)	高水箱角阀及截止阀	2040	—
		低水箱角阀	250	—
		手动式自闭冲洗阀	600	—
		脚踏式自闭冲洗阀	150	—
		拉管式冲洗阀(从地面算起)	1600	—
		带防污助冲器阀门	900	—
11	坐式大便器	高水箱角阀及截止阀	2040	—
		低水箱角阀	150	—
12	大便槽冲洗水箱截止阀(从台阶算起)		≥2400	—
13	立式小便器角阀		1130	—

续表

项次	给水配件名称	配件中心距地面高度/mm	冷热水龙头距离/mm
14	挂式小便器角阀及截止阀	1050	—
15	小便槽多孔冲洗器	1100	—
16	实验室化验室化验水龙头	1000	—
17	妇女卫生盆混合阀	360	—

注：装设在幼儿园内的洗手盆、洗脸盆和盥洗槽水嘴中心离地面安装高度应为700mm，其他卫生器具给水配件的安装高度，应按卫生器具实际尺寸相应减少。

2) 安装的稳固性

卫生器具安装要水平不倾斜、稳固不摇晃。稳固性主要取决于器具的支架、支柱等的安装，因此要特别注意支撑器具的支架、支座安装的准确性和稳固性。

3) 安装的美观性

卫生器具安装好后，客观上成为室内一种陈设物，在发挥其实用价值的同时，又具有满足室内美观的要求。因此，在安装过程中，应随时用水平尺、线坠等工具对器具安装部分进行严格检验和校正，从而保证卫生器具安装的平直、端正，达到美观的目的。

4) 安装的严密性

卫生器具安装好后，在使用过程中必须严密不漏水。要保证其严密性，应在安装过程中注意两个方面。

(1) 给水管道系统的连接处，如洗脸盆、冲洗水箱的设备孔洞和给水配件（如水嘴、浮球阀、淋浴器等）连接时应加橡皮软垫，并压挤紧密，不得漏水。

(2) 器具下水管接口连接处，如排水栓和器具下水孔，便器和排水短管等之间，应压紧橡胶垫圈或填好油灰以防漏水。

5) 安装的可拆卸性

卫生器具在使用过程中可能会因碰撞破损而需要更换，因此卫生器具在安装时要考虑器具的可拆卸性。具体措施如下。

(1) 卫生器具和给水支管相连处，给水支管必须在与器具的最近连接处设置可拆卸的零件。

(2) 器具和排水短管、存水弯的连接，均应采用便于拆除的油灰填塞。

(3) 在存水弯上或排水栓处均应设置可拆卸的零件连接。

2.5.2　卫生器具安装工程施工工艺

1. 施工工艺流程

安装准备→卫生器具及配件检查→卫生器具配件预装→卫生器具稳装→卫生器具与墙、地缝处理→卫生器具外观检查→满水、通水试验。

2. 施工工艺要点

1) 卫生器具安装前的准备工作

(1) 卫生器具安装前的质量检查。

(2) 将卫生器具的附件组装好，应不渗水、不漏水，灵活好用。

（3）安装前,必须将卫生器具内的污物清除干净。

2）卫生器具及配件检查

卫生器具及配件在进入施工现场前虽然已通过相关检查,但在保管和搬运过程中,也会造成意外损伤,所以安装前应进行检验,规格、型号和质量均符合设计要求方可使用。

3）卫生器具配件预装

将卫生器具清理干净并对卫生器具部分配件进行集中预装。洗涤盆、脸盆下水口预装;坐便器排出口预装;高低水箱配件的预装;浴盆下水配件的预装。

4）卫生器具安装

（1）安装卫生器具有共同要求。

① 平:卫生器具的上口边缘要水平,同一房间内成排布置的器具标高应一致。

② 稳:卫生器具安装好后应无摇动现象。

③ 牢:安装应牢固、可靠,防止使用一段时间后产生松动。

④ 准:卫生器具的坐标位置、标高要准确。

⑤ 不漏:卫生器具的给水排水管口连接处必须保证严密,无渗漏。

⑥ 使用方便:卫生器具的安装应根据不同使用对象合理安排,阀门手柄位置朝向合理。

⑦ 性能良好:阀门、水龙头开关灵活,各种感应装置应灵敏、可靠。

（2）卫生器具除浴盆和蹲式大便器外,均应待土建抹灰、粉刷、贴瓷砖等工作基本完成后再进行安装。

（3）各种卫生器具埋设支、托架除应平整、牢固外,还应与器具贴紧;载入墙体的深度要符合工艺要求,支、托架必须防腐良好;固定用螺钉、螺栓一律采用镀锌产品,凡与器具接触处应加橡胶垫。

（4）蹲便器和坐便器与排水口连接处要用油灰压实;稳固地脚螺栓时,地面防水层不得破坏,防止地面漏水。

（5）排水栓与地漏的安装应平正、牢固,并应低于排水表面;安装完后应试水检查,周边不得有渗漏。地漏的水封高度不得小于 50mm。

（6）高水箱冲洗管与便器接口处,要留出槽沟,内填充砂子后抹平以便今后检修;为防止腐蚀,绑扎胶皮碗应采用成品喉箍或铜丝。

（7）洗脸盆、洗涤盆的排水栓安装时,应将排水栓侧的溢水孔对准器具的溢水孔;无溢水孔的排水口,应打孔后再进行安装。

（8）洗脸盆、洗涤盆的下水口安装时应上垫油灰、下垫胶皮,使之与器具接触紧密,避免产生渗漏现象。

（9）带有裙边的浴盆,应在靠近浴盆下水的地面结构预留 200mm×300mm 的孔洞,便于浴盆排水管的安装和检修,同时做好地面防水处理。

（10）小便槽冲洗管的安装制作应采用镀锌钢管或塑胶管。

（11）自动冲洗式小便器由自动冲洗器和小便器组成,安装时按生产商要求并调试合格。

（12）满水、通水试验:卫生器具安装完毕后应作满水和通水试验。满水时间不小于24h,液面不下降,不渗不漏为合格。

（13）连接卫生器具的排水管管径和最小坡度，如设计无要求，应符合表 2-12 的规定。

表 2-12 连接卫生器具的排水管管径和最小坡度

项次	卫生器具名称		排水管管径/mm	管道的最小坡度/‰
1	污水盆（池）		50	25
2	单、双格洗涤盆（池）		50	25
3	洗手盆、洗脸盆		32～50	20
4	浴盆		50	20
5	淋浴盆		50	20
6	大便器	高、低水箱	100	12
		自闭式冲洗阀	100	12
		拉管式冲洗阀	100	12
7	小便器	手动、自闭式冲洗阀	40～50	20
		自动冲洗阀	40～50	20
8	化验盆（无塞）		40～50	25
9	净身器		40～50	20
10	饮水器		20～50	10～20
11	家用洗衣机		50（软管为 30）	—

思 考 题

1. 建筑给水系统和建筑排水系统分别由哪几部分组成？
2. 建筑给水系统中主要有哪些设备？
3. 建筑给水管道施工工艺流程是怎样的？
4. 建筑排水管道施工工艺流程是怎样的？
5. 建筑消火栓系统施工工艺流程是怎样的？
6. 建筑喷淋系统施工工艺流程是怎样的？
7. 压力试验、灌水试验、通水试验、通球试验分别用于哪些管道和设备？
8. 消火栓系统的试射试验是如何进行的？
9. 单位工程竣工验收需要有哪些资料？

[学习心得]

第3章 建筑采暖系统安装

章节概述

本章主要介绍建筑采暖工程的基础知识；室内采暖管道、附件、设备安装的技术要求以及质量验收的程序和要求。

学习目标

了解采暖系统的分类、组成及工作原理；掌握采暖系统管道、设备、附件的安装工艺、施工方法及施工质量验收的要求。

3.1 建筑采暖工程基础知识

采暖系统是指采用人工方法向室内供给热量，使室内保持一定的温度，以创造适宜的生活条件或工作条件而设置的系统。

3.1.1 采暖系统的组成

所有采暖系统都是由热源、供热管道、散热设备3个主要部分组成的。

1) 热源

使燃料燃烧产生热，将热媒加热成热水或蒸汽的部分，如锅炉房、热交换站（又称热力站）、地热供热站等，还可以采用燃气炉、热泵机组、废热、太阳能等。

2) 供热管道

供热管道是指热源和散热设备之间的管道，将热媒输送到各个散热设备，包括供水、回水循环管道。

3) 散热设备

将热量传至所需空间的设备，如散热器、暖风机、热水辐射管等。

3.1.2 采暖系统的分类

采暖系统有不同的分类方式。

1. 按设备相对位置分类

1) 局部采暖系统

局部采暖系统为热源、供热管道、散热设备3部分在构造上合在一起的采暖系统，如火炉采暖、简易散热器采暖、煤气采暖和电热采暖。

2）集中采暖系统

集中采暖系统为热源和散热设备分别设置，以集中供热或分散锅炉房作热源向各房间或建筑物供给热量的采暖系统。

3）区域采暖系统

区域采暖系统是指以城市某一区域性锅炉房作为热源，供一个区域的许多建筑物采暖的采暖系统。这种采暖方式的作用范围大、高效节能。

2. 按热媒种类分类

1）热水采暖系统

以热水作为热媒的采暖系统称为热水采暖系统，主要应用于民用建筑。热水采暖系统的热能利用率高，输送时无效热损失较小，散热设备不易腐蚀，使用周期长，且散热设备表面温度低，符合卫生要求；系统操作方便，运行安全，易于实现供水温度的集中调节，系统蓄热能力高，散热均匀，适于远距离输送。

热水采暖系统按系统循环动力可分为自然（重力）循环系统和机械循环系统。前者是靠水的密度差进行循环的系统，由于作用压力小，目前在集中式采暖中很少采用；后者是靠机械（水泵）进行循环的系统。

热水采暖系统按热媒温度的不同可分为低温系统和高温系统。低温热水采暖系统的供水温度为95℃，回水温度为70℃；高温热水采暖系统的供水温度多采用120～130℃，回水温度为70～80℃。

2）蒸汽采暖系统

以蒸汽作为热媒的采暖系统称为蒸汽采暖系统，主要应用于工业建筑。水在锅炉中被加热成具有一定压力和温度的蒸汽，蒸汽靠自身压力作用通过管道流入散热器内，在散热器内放热后，蒸汽变成凝结水，凝结水经过疏水器后沿凝结水管道返回凝结水箱内，再由凝结水泵送入锅炉重新被加热变成蒸汽。

蒸汽采暖系统按照供汽压力的大小，可以分为3类。

（1）当供汽的表压力等于或低于70kPa时，称为低压蒸汽采暖系统。

（2）当供汽的表压力高于70kPa时，称为高压蒸汽采暖系统。

（3）当供气的绝对压力低于大气压力时，称为真空蒸汽采暖系统。

蒸汽采暖系统的凝结水回收方式，应根据二次蒸汽利用的可能性及室外地形、管道敷设方式等决定。可采用以下几种回水方式：闭式满管回水、开式水箱自流或机械回水和余压回水。

3）热风采暖系统

以热空气为热媒的采暖系统，把空气加热至30～50℃，直接送入房间。主要应用于大型工业车间。例如，暖风机、热风幕等就是热风采暖系统的典型设备。热风采暖系统以空气作为热媒，它的密度小，比热容与导热系数均很小，因此加热和冷却比较迅速。但比容大，所需管道断面积比较大。

4）烟气采暖系统

以燃料燃烧产生的高温烟气为热媒，把热量带给散热设备。如火炉、火墙、火坑、火地等形式在我国北方广大村镇中应用比较普遍。烟气采暖虽然简便且实用，但由于大多属于在简易的燃烧设备中就地燃烧燃料，不能合理地使用燃料，燃烧不充分，热损失大，热效率低，燃料消耗多，而且温度高，卫生条件不够好，火灾的危险性大。

3.1.3 热水采暖系统

热水采暖系统按照系统中水的循环动力不同,分为自然(重力)循环热水采暖系统和机械循环热水采暖系统。以供回水密度差作动力进行循环的系统称自然循环热水采暖系统;以机械(水泵)动力进行循环的系统,称为机械循环热水采暖系统。

1. 自然循环热水采暖系统

1)自然循环热水采暖系统的工作原理及其作用压力

在系统工作之前,先将系统中充满冷水。当水在锅炉内被加热后,它的密度减小,同时受着从散热器流回来密度较大的回水的驱动,使热水沿着供水干管上升,流入散热器。在散热器内水被冷却,再沿回水干管流回锅炉。

2)自然循环热水采暖系统的主要形式

(1)双管上供下回式。双管上供下回式系统的特点是各层散热器都并联在供、回水立水管上,水经回水立管、干管直接流回锅炉。如不考虑水在管道中的冷却,则进入各层散热器的水温相同。

(2)单管上供下回式。单管上供下回式系统的特点是热水送入立管后由上向下顺序流过各层散热器,水温逐层降低,各组散热器串联在立管上。每根立管(包括立管上各层散热器)与锅炉、供回水干管形成一个循环环路,各立管环路是并联关系。

2. 机械循环热水采暖系统

自然循环热水采暖系统虽然维护管理简单,不需要耗费电能,但由于作用压力小,管中水流动速度不大,所以管径就相对要大一些,作用半径也受到限制。如果系统作用半径较大,自然循环往往难以满足系统的工作要求。这时,应采用机械循环热水采暖系统。

机械循环热水采暖系统与自然循环热水采暖系统的主要区别是在系统中设置了循环水泵,靠水泵提供的机械能使水在系统中循环。系统中的循环水在锅炉中被加热,通过总立管、干管、支管到达散热器。水沿途散热有一定的温降,在散热器中放出大部分所需热量,沿回水支管、立管、干管重新回到锅炉被加热。

机械循环热水采暖系统有以下几种主要形式。

1)机械循环双管上供下回式热水采暖系统

机械循环双管上供下回式热水采暖系统与每组散热器连接的立管均为两根,热水平行地分配给所有散热器,散热器流出的回水直接流回热水锅炉。供水干管布置在所有散热器上方,而回水干管在所有散热器下方,所以叫上供下回式。

2)机械循环双管下供下回式热水采暖系统

机械循环双管下供下回式热水采暖系统的供水和回水干管都敷设在底层散热器下面。与上供下回式系统相比,有如下特点。

(1)在地下室布置供水干管,管路直接散热给地下室,无效热损失小。

(2)在施工中,每安装好一层散热器即可采暖,给冬季施工带来很大方便。免得为了冬季施工的需要,特别装置临时采暖设备。

(3)排除空气比较困难。

3)机械循环中供式热水采暖系统

从系统总立管引出的水平供水干管敷设在系统的中部,下部系统为上供下回式,上部系统可采用下供下回式,也可采用上供下回式。中供式系统可用于原有建筑物加建楼层或上部建筑面积小于下部建筑面积的场合。

4) 机械循环下供上回式(倒流式)采暖系统

机械循环下供上回式(倒流式)采暖系统的供水干管设在所有散热器设备的下面,回水干管设在所有散热器上面,膨胀水箱连接在回水干管上。回水经膨胀水箱流回锅炉房,再被循环水泵送入锅炉。倒流式系统具有如下特点。

(1) 水在系统内的流动方向是自下而上流动,与空气流动方向一致,可通过顺流式膨胀水箱排除空气,无须设置集中排气罐等排气装置。

(2) 对热损失大的底层房间,由于底层供水温度高,底层散热器的面积减小,便于布置。

(3) 当采用高温水采暖系统时,由于供水干管设在底层,这样可降低防止高温水汽化所需的水箱标高,减少布置高架水箱的困难。

(4) 供水干管在下部,回水干管在上部,无效热损失小。

这种系统的缺点是散热器的放热系数比上供下回式低,散热器的平均温度几乎等于散热器的出口温度,这样就增加了散热器的面积。但用于高温水采暖时,这一特点却有利于满足散热器表面温度不致过高的卫生要求。

5) 异程式系统与同程式系统

在采暖系统中按热媒在供水干管和回水干管中循环路程的异同分为同程式和异程式。循环环路是指热水从锅炉流出,经供水管到散热器,再由回水管流回到锅炉的环路。如果一个热水采暖系统中各循环环路的热水流程长短基本相等,称为同程式热水采暖系统,在较大的建筑物内宜采用同程式系统。热水流程相差很多时,称为异程式热水采暖系统。

3.1.4 辐射采暖系统

辐射采暖系统,是利用以辐射热为主要传热方式的辐射板作为采暖设备的一种采暖方式。根据辐射体表面温度的不同,可以将辐射采暖系统分为 3 类。

1) 低温辐射采暖系统

当辐射体表面温度小于 80℃ 时,称为低温辐射采暖系统。

2) 中温辐射采暖系统

当辐射体表面温度在 80～200℃ 时,称为中温辐射采暖系统。

3) 高温辐射采暖系统

当辐射体表面温度高于 500℃ 时,称为高温辐射采暖系统。

低温辐射采暖系统的结构形式是把加热管(或其他发热体)直接埋设在建筑构件内而形成散热面。中温辐射采暖系统通常是用钢板和小管径的钢管制成矩形块状或带状散热板。燃气红外辐射器、电红外线辐射器等均为高温辐射采暖系统。

3.1.5 采暖系统主要末端设备

1. 散热器

散热器是安装在采暖房间内的散热设备,热水或蒸汽在散热器内流过,它们所携带的热量便通过散热器以对流、辐射方式不断地传给室内空气,达到采暖的目的。

1）铸铁散热器

铸铁散热器是由铸铁浇铸而成，结构简单，具有耐腐蚀、使用寿命长、热稳定性好等优点，因而被广泛应用。其缺点主要是：金属耗量大，承压能力低（0.4～0.5MPa）。工程中常用的铸铁散热器有翼型和柱型两种。

2）钢制散热器

钢制散热器主要类型有闭式钢串片式散热器、板型散热器、柱型散热器、扁管散热器和光排管散热器。钢制散热器与铸铁散热器相比具有金属耗量小；承压能力高（0.8～1.2MPa）；外形美观整洁、规格尺寸多；占有空间少、便于布置等优点。缺点主要是热稳定性差（除柱式外）；易腐蚀、寿命短，如果不采取内防腐工艺，会发生散热器腐蚀漏水。

3）铝制散热器

铝制散热器具有结构紧凑、重量轻、造型美观、装饰性强、散热快、热工性能好、承压高、使用寿命长的优点。铝制散热器的缺点是在碱性水中会产生碱性腐蚀。因此，必须在酸性水中使用（pH 小于 7），而多数锅炉用水 pH 均大于 7，不利于铝制散热器的使用。

4）复合型散热器

复合型散热器是以钢管、铜管等为内芯，以铝合金翼片为散热元件的钢铝、铜铝复合散热器，结合了钢管、铜管承压高、耐腐蚀和铝合金外表美观、散热效果好的优点。

5）铜制散热器

铜制散热器具有一般金属的高强度；同时又不易裂缝、不易折断；并具有一定的抗冻胀和抗冲击能力。铜制散热器之所以有如此优良稳定的性能是由于铜在化学排序中的序位很低，仅高于银、铂、金，性能稳定，不易被腐蚀。由于铜管件具有很强的耐腐蚀性，不会有杂质融入水中，能使水保持清洁卫生。铜质散热器的缺点是价格较高。

2. 暖风机

暖风机是由吸风口、风机、空气加热器和送风口等联合构成的通风采暖联合机组。在风机的作用下，室内空气由吸风口进入机体，经空气加热器加热变成热风，然后经送风口送至室内，以维持室内一定的温度。

暖风机分为轴流式与离心式两种，称为小型暖风机和大型暖风机。根据暖风机的结构特点及适用热媒的不同，可分为蒸汽暖风机、热水暖风机、蒸汽热水两用暖风机及冷热水两用的冷暖风机等。

3. 钢制辐射板

散热器主要以对流散热为主，对流散热占总散热量的75％左右；用暖风机采暖时，对流散热几乎占 100％；而辐射板主要是依靠辐射传热的方式，尽量放出辐射热（还伴随着一部分对流热），使一定的空间里有足够的辐射强度，以达到采暖的目的。根据辐射散热设备的构造不同可分为单体式的（块状、带状辐射板，红外线辐射器）和与建筑物构造相结合的辐射板（顶棚式、墙面式、地板式等）。

3.1.6 采暖系统的辅助设备

1. 热水采暖系统的辅助设备

1）膨胀水箱

膨胀水箱的作用是用来贮存热水采暖系统加热的膨胀水量，在自然循环上供下回式系统中还起着排气作用。膨胀水箱的另一个作用是恒定采暖系统的压力。膨胀水箱一般用钢板制成，通常是圆形或矩形。水箱上连有膨胀管、循环管、溢流管、信号管及放空管等管路。

（1）膨胀管：膨胀水箱设在系统最高处，系统的膨胀水通过膨胀管进入膨胀水箱。自然循环系统膨胀管接在供水总立管的上部；机械循环系统膨胀管接在回水干管循环水泵入口前。膨胀管不允许设置阀门，以免偶然关断使系统内压力增高而发生事故。

（2）循环管：为了防止水箱内的水冻结，膨胀水箱需设置循环管。在机械循环系统中，连接点与定压点应保持 $1.5\sim3.0\mathrm{m}$ 的距离，以使热水能缓慢地在循环管、膨胀管和水箱之间流动。循环管上也不应设置阀门，以免水箱内的水冻结。

（3）溢流管：用于控制系统的最高水位，当水的膨胀体积超过溢流管口时，水溢出就近排入排水设施中。溢流管上也不允许设置阀门，以免偶然关闭而使水从入孔处溢出。

（4）信号管：用于检查膨胀水箱水位，决定系统是否需要补水。信号管控制系统的最低水位应接至锅炉房内或人们容易观察的地方，信号管末端应设置阀门。

（5）放空管：用于清洗、检修时放空水箱用，可与溢流管一起就近接入排水设施，其上应安装阀门。

2）集气罐

集气罐一般是用直径 $100\sim250\mathrm{mm}$ 的钢管焊制而成的，分为立式和卧式两种。

集气罐一般设于系统供水干管末端的最高处，供水干管应向集气罐方向设上升坡度以使管中水流方向与空气气泡的浮升方向一致，以有利于空气聚集到集气罐的上部，定期排除。系统运行期间，应定期打开排气阀排除空气。

3）自动排气罐

铸铁自动排气罐的工作原理是依靠罐内水的浮力自动打开排气阀。罐内无空气时，系统中的水流入罐体将浮漂浮起，浮漂上的耐热橡皮垫将排气口封闭，使水流不出去。当系统中的气体汇集到罐体上部时，罐内水位下降使浮漂离开排气口将空气排出。空气排出后，水位和浮漂重新上升将排气口关闭。

4）手动排气阀

手动排气阀适用于（公称压力 $P\leqslant600\mathrm{kPa}$，工作温度 $t\leqslant100\mathrm{℃}$）的热水采暖系统的散热器上。多用于水平式和下供下回式系统中，旋紧在散热器上部专设的丝孔上，以手动方式排除空气。

5）除污器

除污器是一种钢制筒体，它可用来截流、过滤管路中的杂质和污物，以保证系统内水质洁净，减少阻力，防止堵塞压板及管路。除污器一般应设置于采暖系统入口调压装置前、锅炉房循环水泵的吸入口前和热交换设备入口前。

6）散热器温控阀

散热器温控阀是一种自动控制散热器散热量的设备，它由阀体部分和感温元件部分组成。当室内温度高于给定的温度值时，感温元件受热，其顶杆压缩阀杆，将阀口关小，进入散热器的水流量会减小，散热器的散热量也会减小，室温随之降低；当室温下降到设置的低限值时，感温元件开始收缩，阀杆靠弹簧的作用抬起，阀孔开大，水流量增大，散热器散热量也随之增加，室温开始升高。控温范围在 $13\sim28\mathrm{℃}$，温控误差为 $\pm1\mathrm{℃}$。

2. 蒸汽采暖系统的设备

1）疏水器

蒸汽疏水器的作用是自动且迅速地排出用热设备及管道中的凝水,并能阻止蒸汽逸漏。在排出凝水的同时,排出系统中积留空气和其他非凝性气体。

2）减压阀

减压阀靠启闭阀孔对蒸汽进行节流达到减压的目的。减压阀应能自动地将阀后压力维持在一定范围内,工作时无振动,完全关闭后不漏气。目前国产减压阀有活塞式、波纹管式和薄片式等形式。

3）其他凝水回收设备

（1）水箱：水箱用以收集凝水,有开式（无压）和闭式（有压）两种。水箱容积一般应按各用户的 0.5～1.5h 最大小时凝水量设计。

（2）二次蒸发箱：二次蒸发箱的作用是将用户内各用气设备排出的凝水在较低的压力下分离出一部分二次蒸汽,并靠箱内一定的蒸汽压力输送二次蒸汽至低压用户。

3.2 室内采暖管道及配件安装

工业与民用建筑的室内采暖系统的安装,应按《建筑给水排水及采暖工程施工质量验收规范》（GB 50242—2002）的有关规定执行。

3.2.1 室内采暖管道的安装

1. 采暖管道的管材

室内采暖管道常用管材是焊接钢管、镀锌钢管和铝塑复合管。不同管道的连接方法如下。

1）焊接钢管

焊接钢管管径小于或等于 32mm 时,应采用螺纹连接；管径大于 32mm 时,应采用焊接。

2）镀锌钢管

镀锌钢管管径小于或等于 100mm 时,应采用螺纹连接,套丝扣时破坏的镀锌层表面及外露螺纹部分应做防腐处理；管径大于 100mm 时,应采用法兰或卡套式专用管件连接,镀锌钢管与法兰的焊接处应二次镀锌。

3）铝塑复合管

铝塑复合管采用专用管接头进行连接。

2. 室内采暖管道的安装程序

干管安装→立管安装→散热器支管安装。

1）干管安装

对于热水采暖系统,干管分为供水干管和回水干管；对于蒸汽采暖系统,干管分为蒸汽干管和凝结水干管。干管敷设于地沟、管廊、设备层等位置时一般应做保温,明装于采暖房间时一般不需要保温。干管的安装按照以下程序。

管道定位、画线→安装支架→管道就位→接口连接→开立管连接孔、焊接→水压试验、验收。

（1）干管安装坡度，当设计未注明时，应符合下列规定。

① 气、水同向流动的热水采暖管道和汽、水同向流动的蒸汽管道及凝结水管道，坡度应为 3‰，不得小于 2‰。

② 气、水逆向流动的热水采暖管道和汽、水逆向流动的蒸汽管道，坡度不应小于 5‰。

（2）干管安装要求。

① 明装管道成排安装时，直管部分应互相平齐；转弯处，当管道水平并行时应与直管保持等距，当管道上下并行时，曲率半径应相等。

② 采暖干管过墙壁时应设置钢套管，套管直径比被套管道大 2～3 号，其两端应与饰面平齐。

③ 采暖干管上管道变径的位置应在三通后 200mm 处。

（3）干管支架的安装。

采暖干管的支架分为固定支架和活动支架。活动支架又分为悬臂托架、三角托架和吊架等。支架在建筑结构上的固定方法，可根据具体情况采用在墙上打洞、灌水泥砂浆固定的方法；或预埋金属件、焊接固定的方法；或用膨胀螺栓、射钉枪固定的方法；在柱子上用夹紧角钢固定的方法等。

管道支架的数量和位置应根据设计要求确定，当设计无要求时，钢管管道支架的最大间距可根据表 3-1 执行。

表 3-1　钢管管道支架的最大间距

公称直径/mm		15	20	25	32	40	50	70	80	100	125	150	200	250	300
支架的最大间距/mm	保温管	1.5	2	2	2.5	3	3	4	4	4.5	5	6	7	8	8.5
	不保温管	2.5	3	3.5	4	4.5	5	6	6	6.5	7	8	9.5	11	12

2）立管安装

（1）立管安装程序。

① 立管安装前，检查、修整预留孔洞的位置和尺寸，标注立管中心线。

② 按照立管中心线，在干管上开孔焊制三通管，一般该管段采用带乙字弯的短管。

③ 立管安装应从底层到顶层逐层安装。

（2）立管管卡安装要求。

① 立管管卡主要为保证立管的垂直度，防止倾斜。

② 层高小于或等于 5m 时，每层安装 1 个；层高大于 5m 时，每层不得少于 2 个。

③ 管卡安装高度：距地面 1.5～1.8m，两个及以上管卡可匀称安装。

④ 同一房间的管卡应安装在同一高度。

3）散热器支管安装

支管安装应在散热器安装合格后进行。散热器支管安装要求如下。

（1）散热器支管的坡度应为 1‰，坡向应利于排气和泄水。

（2）支管与散热器的连接，应为可拆卸连接，如长丝、活接头等。

（3）散热器支管长度大于 1.5m，应在中间安装管卡或托钩。

（4）蒸汽采暖散热器支管安装时，供气支管上装阀门，回水支管上装疏水器。

3.2.2　采暖管道配件的安装

1. 疏水器的安装

疏水器是用于蒸汽管道系统中的一个自动调节阀门,其作用是排除凝结水,阻止蒸汽流过。由疏水阀、前后控制阀(截止阀)、冲洗管及冲洗阀、检查管及控制阀、旁通管及旁通阀组成。疏水器的安装应符合以下要求。

(1)安装在螺纹连接的管道系统中时,组装的疏水器两端应装有活接头。

(2)疏水器进口端应装过滤器,以定期清除污物,保证疏水阀孔不被堵塞。

(3)疏水器前应设放气管,以排放空气或不凝性气体,减少系统的气堵现象。

(4)疏水器管道水平敷设时,管道应坡向疏水阀,以防水击。

2. 减压器的安装

减压阀组装后的阀组称为减压器,包括减压阀、前后控制阀、压力表、安全阀、冲洗管及冲洗阀、旁通管及旁通阀等。减压器安装注意如下。

(1)减压阀具有方向性,安装时不得装反,且应垂直安装在水平管道上。

(2)减压器各部件应与所连接的管道处于同一中心线上。

(3)旁通管的管径应比减压阀公称直径小1~2号。

(4)减压阀出口管径应比进口管径大2~3号,减压阀两侧应分别装高、低压压力表。

(5)公称直径为50mm及以下的减压阀,配弹簧式安全阀;公称直径为70mm及以上的减压阀,配杠杆式安全阀。所有安全阀的公称直径应比减压阀公称直径小2号。

(6)减压器沿墙敷设时,离地面1.2m;平台敷设时,离操作平台1.2m。

(7)蒸汽系统的减压器前设疏水器;减压器阀组前设过滤器。

3.2.3　室内采暖系统安装的其他要求

1. 管道安装其他要求

(1)焊接钢管管径大于32mm的管道转弯,在作为自然补偿时应使用煨弯。塑料管及复合管除必须使用直角弯头的场合外应使用管道直接弯曲转弯。

(2)当采暖热媒为110~130℃的高温水时,管道可拆卸件应使用法兰,不得使用长丝和活接头。法兰垫料应使用耐热橡胶板。

(3)膨胀水箱的膨胀管及循环管上不得安装阀门。

(4)上供下回式系统的热水干管变径应顶平偏心连接,蒸汽干管变径应底平偏心连接。

(5)在管道干管上焊接垂直或水平分支管道时,干管开孔所产生的钢渣及管壁等废弃物不得残留管内,且分支管道在焊接时不得插入管内。

2. 附件安装其他要求

1)补偿器

(1)补偿器的型号、安装位置及预拉伸和固定支架的构造及安装位置应符合设计要求。

(2)方形补偿器制作时,应用整根无缝钢管煨制,如需要接口,其接口应设在垂直臂的中间位置,且接口必须焊接。

（3）方形补偿器应水平安装，并与管道的坡度一致；如其臂长方向垂直安装必须设排气及泄水装置。

2）平衡阀及调节阀

平衡阀及调节阀型号、规格，公称压力及安装位置应符合设计要求。安装完后应根据系统平衡要求进行调试，并做出标志。

3）减压阀及安全阀

蒸汽减压阀和管道及设备上安全阀的型号、规格，公称压力及安装位置应符合设计要求。安装完毕后应根据系统工作压力进行调试，并做出标志。

4）热量表等附件

热量表、疏水器、除污器、过滤器及阀门的型号、规格，公称压力及安装位置应符合设计要求。

5）入口装置及计量装置

采暖系统入口装置及分户热计量系统入户装置应符合设计要求。安装位置应便于检修、维护和观察。

3.3　室内散热器的安装

散热器的种类很多，目前国内常用的是铸铁散热器和钢制散热器两大类。不同散热器安装方法也不同。以铸铁散热器为例，介绍散热器安装。

3.3.1　室内散热器安装程序

1. 散热器组对

不同房间的热负荷各不相同，因此布置散热器的数量也不同。安装铸铁散热器，首先就是根据设计片数进行组对。

散热器组对前，应对每片散热器内部和管口清理干净，散热器表面需要除锈，并涂刷防锈漆。散热器组对要求如下。

（1）组对前检查：长翼型散热器的顶部掉翼数只允许 1 个，且长度不得大于 50mm；侧面掉翼数不得超过 2 个，累计长度不得大于 200mm，且掉翼面应朝墙安装。

（2）组对散热器的垫片应使用成品，组对后垫片外露不应大于 1mm。

（3）散热器组对应平直紧密，组对后平直度允许偏差应符合表 3-2 的规定。

表 3-2　组对后的散热器平直度允许偏差

项次	散热器类型	片　数	允许偏差/mm
1	长翼型	2～4	4
		5～7	6
2	铸铁片式	3～15	4
	钢制片式	16～25	6

2．散热器的试压

散热器组对后,必须进行水压试验,合格后才能安装。

散热器组对后,以及整组出厂的散热器,在安装之前应作水压试验。试验压力如设计无要求时应为工作压力的 1.5 倍,但不得小于 0.6MPa。水压试验持续时间为 2～3min,在持续时间内压力不降,且不渗不漏为合格。

3．散热器的安装

散热器的安装一般在内墙抹灰完成后进行,安装形式有明装、暗装和半暗装 3 种。散热器安装程序如下。

1）确定散热器的安装位置

散热器一般安装在外窗下面,其中心线应与外窗中心线一致。

2）安装散热器支架、托架

散热器安装有两种方式：一种是安装在墙上的托架上；另一种是安装在地上的支架上。

散热器支架、托架安装,位置应准确,埋设牢固。散热器支架、托架数量,应符合设计或产品说明书要求。

3）安装散热器

栽埋托架的墙洞中水泥砂浆达到强度后,即可安装散热器。安装时需轻抬轻放,以避免碰坏托架。

3.3.2　室内散热器安装要求

1．散热器安装要求

（1）散热器背面与装饰后的墙内表面安装距离,应符合设计或产品说明书要求,如设计未注明,应为 30mm。

（2）散热器安装允许偏差应符合表 3-3 的规定。

表 3-3　散热器安装允许偏差

项次	项　目	允许偏差/mm
1	散热器背面与墙内表面距离	3
2	与窗中心线或设计定位尺寸	20
3	散热器垂直度	3

（3）铸铁或钢制散热器表面的防腐及面漆应附着良好,色泽均匀,无脱落、起泡、流淌和漏涂缺陷。

2．散热器附属设施安装要求

（1）散热器手动跑风安装。当散热器中的空气因系统本身原因,不能顺利排除时,可在散热器上装设手动放风阀,旋紧在散热器上部专设丝扣孔上,以手动方式排气。具体安装步骤如下。

① 根据设计要求,将需要安装跑风的散热器丝堵钻孔,攻丝。

② 将丝堵抹好铅油,加石棉橡胶垫,在散热器上用管钳上紧。

③ 在手动跑风的丝扣上抹铅油，编少许麻丝，拧在丝堵上，用扳手上到松紧适度，放风孔向外斜 45°。

（2）组对散热器的垫片材质当设计无要求时，应采用耐热橡胶。

3.4 低温热水地板辐射采暖系统安装

低温热水地板辐射采暖系统是指用低于 60℃ 的低温热水作为热媒，接入预埋在建筑地面混凝土垫层中的盘管中，利用辐射加热达到室温要求的采暖系统。低温热水地板辐射采暖具有舒适卫生、热稳定好等优点，近年来得到广泛使用。

3.4.1 地板辐射采暖系统的管道和其他材料

1. 加热管

敷设在地面填充层内的盘管，通常采用交联铝塑复合管（PAP、XPAP）、聚丁烯管（PB）、交联聚乙烯管（PEX）、共聚聚乙烯管（PPR）等管材。这些管材的共同特点是抗老化、抗高压、易弯曲、不结垢等。

2. 其他材料

1）绝热板材

绝热层是限制加热盘管向楼板下散热的主要措施。绝热层材料宜采用自熄型聚苯乙烯泡沫塑料，其厚度应由设计确定。

2）保护层

保护层铺设在绝热层上面，通常用铝箔，主要作用是反射热辐射，与绝热层共同作用，减少加热盘管向下的导热和辐射热损失。

3.4.2 地板辐射采暖系统施工工艺

1. 工作条件

地板辐射采暖施工需要在建筑主体工程完成，室内地面抹灰完成后，与地面施工同时进行，并且这时候采暖立管、干管、给水排水立管均已完成。

2. 施工工艺流程

1）清理地面

在铺设贴有铝箔的自熄型聚苯乙烯保温板之前，将地面清扫干净。

2）铺设保温板

保温板铺设在水泥砂浆找平层上，地面须平整。铺设时，铝箔面朝上。

3）铺设加热盘管

加热盘管铺设要求如下。

（1）加热盘管的弯曲半径，塑料管不应小于 8 倍管外径，复合管不应小于 5 倍管外径。

（2）填充层内敷设的加热盘管，不应有接头。

（3）加热盘管固定点的间距，直管段不应大于 500mm，弯曲管段不应大于 250mm。

4）试压

加热盘管安装完成后,必须进行水压试验。试验压力为工作压力的 1.5 倍,但不小于 0.6MPa。检验方法：稳压 1h 内压力降不大于 0.05MPa 且不渗不漏,为合格。

5）回填豆石混凝土

加热盘管试压合格后,应立即回填豆石混凝土,填充层的养护周期应不低于 48h。

6）分-集水器安装、连接

（1）分-集水器安装时,分水器在上,集水器在下,中心距 200mm,集水器距地面不小于 300mm,并应固定。

（2）加热盘管末端出地面至连接配件的管段,应设置在硬质套管内,然后与分-集水器进行连接。

7）通热水,试运行

系统试压合格、冲洗完后,应通水、加热,进行试运行和调试。当不具备加热条件时,应延期进行。

3.5　采暖系统的试验与调试

室内采暖系统安装完毕后,应根据设计和规范要求,对系统进行试压、清洗、试运行、调试,然后经由施工、设计、建设、监理单位组成的验收小组对质量进行全面检查,验收合格后交付使用。

3.5.1　采暖系统的试压

室内采暖系统安装完毕后,在管道保温前进行试压。试压的目的是检查管路系统的机械强度和严密性,通常是采用水压试验。如果室外温度较低,进行水压试验有困难,也可采用气压试验,但必须采取有效的安全措施,并报请监理和建设单位批准后方可进行。

室内采暖系统的试压可以分段进行,也可以整个系统进行。

1. 采暖系统的试验压力及检验方法

1）试验压力要求

室内采暖系统的水压试验压力应符合设计要求。当设计未注明时,应符合下列规定。

（1）蒸汽、热水采暖系统,应以系统顶点工作压力加 0.1MPa 作水压试验,同时在系统顶点的试验压力不小于 0.3MPa。

（2）高温热水采暖系统,试验压力应为系统顶点工作压力加 0.4MPa。

（3）使用塑料管及复合管的热水采暖系统,应以系统顶点工作压力加 0.2MPa 作水压试验,同时在系统顶点的试验压力不小于 0.4MPa。

2）检验方法

（1）使用钢管及复合管的采暖系统应在试验压力下 10min 内压力降不大于 0.02MPa,降至工作压力后检查,不渗不漏。

（2）使用塑料管的采暖系统应在试验压力下 1h 内压力降不大于 0.05MPa,然后降压至工作压力的 1.15 倍,稳压 2h,压力降不大于 0.03MPa,同时各连接处不渗不漏。

2．水压试验的步骤及注意事项

水压试验应在管道刷油、保温之前进行,以便进行外观检查和修补。试压用手压泵或电泵进行。具体步骤如下。

(1) 水压试验应用清洁的水作介质。向管内灌水时,应打开管道各高处的排气阀,待水灌满后,关闭排气阀和进水阀。

(2) 用试压泵加压时,压力应逐渐升高,加压到一定数值时,应停下来对管道进行检查,无问题时再继续加压,一般应分 2～3 次使压力升至试验压力。

(3) 当压力升至试验压力时,停止加压,进行检验,不渗不漏为合格。

(4) 在试压过程中,应注意检查法兰、丝扣接头、焊缝和阀件等处有无渗漏和损坏;试压结束后,对不合格处进行修补,然后重新试压,直到合格为止。

3.5.2　采暖系统的清洗、防腐和保温

1．采暖系统的清洗

水压试验合格后,即可对系统进行清洗。清洗的目的是清除系统中的污泥、铁锈、砂石等杂物,以确保系统运行后介质流动通畅。

对热水采暖系统,可用水清洗,将系统充满水,然后打开系统最低处的泄水阀门,让系统中的水连同杂物由此排出,这样往复数次,直到排出的水清澈透明为止。

对蒸汽采暖系统,可以用蒸汽清洗。清洗时,应打开疏水装置的旁通阀。送汽时,送汽阀门应缓慢开启,避免造成水击,直到排汽口排出干净蒸汽为止。

清洗前应将管路上的压力表、滤网、温度计、止回阀、热量表等部件拆下,清洗完毕后再装上。

2．采暖管道的防腐和保温

当设计无要求时,采暖管道的防腐和保温应符合如下要求。

1) 防腐

明装管道刷一遍防锈漆,两遍面漆;潮湿房间明装管道刷两遍防锈漆,两遍面漆;暗装管道刷两遍面漆。

2) 保温

采暖管道敷设在地沟、吊顶、易冻的过厅、楼梯间以及非采暖房间时应做保温;管道穿越壁橱、吊柜时应采取保温措施。

3.5.3　采暖系统的试运行和调试

室内采暖系统的清洗工作结束后,即可进行系统的试运行工作。

室内采暖系统试运行的目的是在系统热状态下,检验系统的安装质量和工作情况。此项工作可分为系统充水、系统通热和初调节 3 个步骤进行。

1．系统充水

系统的充水工作由锅炉房开始,一般用补水泵充水。向室内采暖系统充水时,应先将系

统的各集气罐排气阀打开,水以缓慢速度充入系统,以利于水中空气逸出,当集气罐排气阀流出水时,关闭排气阀,补水泵停止工作。待一段时间后(2h 左右),再将集气罐排气阀打开,启动补水泵,当系统中残存的空气排除后,将排气阀关闭,补水泵停止工作,此时系统已充满水。

2. 系统通热

充水工作完成后,锅炉点火加热水温升至 50℃时,循环泵启动,向室内送热水。这时,应注意系统压力的变化,室内采暖系统入口处供水管上的压力不能超过散热器的工作压力。还要注意检查管道、散热器和阀门有无渗漏和破坏的情况,如有故障,应及时排除。

3. 初调节

通热情况正常,可进行系统的初调节工作。

1) 热水采暖系统的初调节方法

通过调整用户入口的调压板或阀门,使供水管压力表上的读数与入口要求的压力保持一致,再通过改变各立管上阀门的开度来调节通过各立管散热器的流量,一般距入口最远的立管阀门开度最大,越靠近入口的立管阀门开度越小。

2) 蒸汽采暖系统初调节的方法

首先通过调整热用户入口的减压阀,使进入室内的蒸汽压力符合要求。再改变各立管上阀门的开度来调节通过各立管散热器的蒸汽流量,以达到均衡采暖的目的。

3.5.4　采暖系统的验收

室内采暖系统应按分项、分部或单位工程验收。单位工程验收时应有施工、设计、建设、监理单位参加并做好验收记录。单位工程的竣工验收应在分项、分部工程验收的基础上进行。各分项、分部工程的施工安装均应符合设计要求及采暖施工及验收规范中的规定。设计变更要有凭据,各项试验应有记录,质量是否合格要有检查。交工验收时,由施工单位提供下列技术文件。

(1) 全套施工图、竣工图及设计变更文件。
(2) 设备、制品和主要材料的合格证或试验记录。
(3) 隐蔽工程验收记录和中间试验记录。
(4) 设备试运转记录。
(5) 水压试验记录。
(6) 通水冲洗记录。
(7) 质量检查评定记录。
(8) 工程检查事故处理记录。

质量合格,文件齐备,试运转正常的系统,才能办理竣工验收手续。

思 考 题

1. 根据热媒种类,采暖系统包括哪几种?
2. 采暖系统的主要末端设备有哪些?

3. 采暖系统干管、立管、散热器支管安装有哪些要求？

4. 室内铸铁散热器的安装程序是怎样的？

5. 散热器的水压试验如何进行？

6. 什么是低温热水地板辐射采暖？它有什么优点？

7. 低温热水地板辐射采暖的施工工艺流程是怎样的？

8. 采暖系统清洗的目的是什么？如何进行？

［学习心得］

第 4 章　建筑通风系统安装

章节概述

本章主要介绍建筑通风工程基础知识,通风管道系统、设备的安装要求和施工验收的程序及要求。

学习目标

了解室内通风系统的分类、系统组成及各系统的工作原理;掌握风管及部件的制作方法;掌握通风系统的安装要求、施工方法及施工质量验收的要求。

4.1　建筑通风工程基础知识

通风是指把室外新鲜空气经过适当处理(如过滤、加热、冷却等)送至室内,把室内废气经除尘、除害等处理后排至室外,从而保证室内空气的新鲜程度,达到国家规定的卫生标准,以及排放到室外的废气符合排放标准。通风的根本作用就是控制生产过程中产生的粉尘和有毒有害、高温、高湿气体,创造良好的生产环境和保护大气环境。

通风的主要目的是置换室内的空气,改善室内空气品质。它以建筑物内的污染物为主要控制对象。为排风和送风设置的管道及设备等装置分别称为排风系统和送风系统,统称为通风系统。在有可能突然释放大量有害气体或有爆炸危险的生产厂房内还应设置事故通风装置。

4.1.1　通风系统的分类

通风系统有不同的分类方式。

1. 按照空气流动的作用动力分

1) 自然通风

自然通风是指在自然压差(风压或热压)作用下,使室内外空气通过建筑物围护结构的孔口流动的通风换气形式。自然通风具有经济、节能、简便易行、不需专人管理、无噪声的优点,在选择通风措施时应优先采用,但自然通风受自然条件的影响,通风量不易控制,通风效果不易保证。自然通风最主要的缺点是不易控制。在采暖或制冷季节,建筑门窗被人为开启后没有及时关闭,造成室内大量冷热量流失。所以,采用自然通风系统时,我们需要建筑的使用者有良好的行为方式才能确保建筑的节能。同时由于窗户的开启,室外噪声、汽车尾气和污染物也会进入室内,这种现象在城市化进程越来越高的今天尤显突出。因此,传统的开窗通风面临着挑战。根据压差形成的机理,可以分为风压作用下的自然通风、热压作用下的自然通风以及热压和风压共同作用下的自然通风。在工业厂房中一般应采用有组织的自然通风方式用于改善工作区的劳动条件;在民用建筑中多采用窗扇作为有组织或无组织自然通风的设施。

(1) 风压作用下的自然通风。

具有一定速度的风由建筑物迎风面的门窗进入房间内,同时把房间内原有的空气从背风面的门窗压出去,形成一种由于室外风力引起的自然通风,以改善房间的空气环境。

(2) 热压作用下的自然通风。

在房间内有热源的情况下,房间内空气温度高、密度小,产生一种向上的升力。空气上升后从上部窗孔排出,与此同时室外冷空气就会从下部门窗或门缝进入室内,形成一种由室内外温差引起的自然通风,以改善房间内的空气环境。

空气从建筑物上部的孔洞(如天窗等)处排出,同时在建筑下部压力变小,室外较冷而密度较大的空气不断地从建筑物下部的门、窗补充进来。这种以室内外温度差引起的压力差为动力的自然通风,称为热压差作用下的自然通风。

热压作用产生的通风效应又称为"烟囱效应"。"烟囱效应"的强度与建筑高度和室内外温差有关。一般情况下,建筑物越高,室内外温差越大,"烟囱效应"越强烈。

(3) 热压和风压共同作用下的自然通风。

在多数工程中,建筑物是在热压与风压共同作用下的自然通风,可以简单地认为它们是热压作用与风压作用下效果的叠加。

2) 机械通风

机械通风是依靠通风机提供的动力迫使空气流通来进行室内外空气交换的方式。机械通风包括机械送风和机械排风。与自然通风相比,机械通风具有以下优点。

(1) 送入车间或工作房间内的空气可以经过加热或冷却,加湿或减湿的处理。

(2) 从车间排除的空气,可以进行净化除尘,保证工厂附近的空气免遭污染。

(3) 能够满足卫生和生产要求,造成房间内人为的气象条件。

(4) 可以将吸入的新鲜空气按照需要送到车间或工作房间内各个地点,同时也可以将室内污浊的空气和有害气体从产生地点直接排到室外。

(5) 通风量在一年四季都可以保持平衡,不受外界气候的影响,必要时根据车间或工作房间内生产与工作情况,还可以任意调节换气量。

机械通风可根据有害物分布的状况,按照系统作用范围分为局部通风和全面通风两类。局部通风包括局部排风系统和局部送风系统;全面通风包括全面送风系统和全面排风系统。

(1) 局部排风系统。局部排风就是在局部地点把不符合卫生标准的污浊的空气经过处理达到排放标准后排至室外,以改善局部空间的空气标准。局部排风系统是由局部排风罩、风管、净化设备和风机等组成。

(2) 局部送风系统。在一些大型的车间中,尤其是有大量余热的高温车间,采用全面通风已经无法保证室内所有空间都达到适宜的程度。局部送风是把新鲜的空气经过净化、冷却或加热等处理后送入室内的指定地点,以改善局部空间的空气环境。局部送风系统对于面积很大、工作人数较少的车间,没有必要对整个车间降温,只需向少数的局部工作地点送风,在局部地点形成良好的空气环境。局部送风又分系统式送风和分散式送风两种。

（3）全面通风。全面通风也称稀释通风,它一方面用清洁的空气稀释室内空气中的有害物浓度,另一方面不断地把污染空气排至室外,使室内空气中有害物浓度不超过卫生标准规定的最高浓度。全面通风的效果与通风量和通风气流组织有关。不能采用局部通风或采用局部通风后室内空气环境仍然不符合卫生和生产要求时,可以采用全面通风。全面通风适用于有害物产生位置不固定的地方,面积较大或局部通风装置影响操作,有害物扩散不受限制的房间或一定的区段内。

2. 依据服务对象、气流方向分

1）根据不同的通风服务对象,可分为民用建筑通风和工业建筑通风

民用建筑通风是对民用建筑中人员及活动所产生的污染物进行治理而进行的通风;工业建筑通风是对生产过程中的余热、余湿、粉尘和有害气体等进行控制和治理而进行的通风。

2）根据不同的通风气流方向,可分为排风和送风

排风是在局部地点或整个房间内,把不符合卫生标准的污染空气直接或经过处理后排至室外;送风是把新鲜空气或经过处理符合卫生要求的空气送入室内。

4.1.2　机械通风系统的组成

自然通风系统一般不需要设置设备;机械通风系统的主要设备有风机、风管或风道、风阀、风口和除尘设备等。

1. 风机

在通风工程中,风机是通过产生的风压满足输送一定流量的空气,并且来克服介质在风道内的损失及各类空气处理设备(如过滤器、除尘器、加热器等)的阻力损失的设备。

通风工程中,常用的风机有离心式风机、轴流式风机、斜流式风机、离心式屋顶风机等。根据输送介质的性质可分为钢制、玻璃钢、塑料、不锈钢等材料制成。

1）离心式风机

离心式风机用于低压或高压送风系统,特别是低噪声和高风压的系统,离心式风机主要由外壳、叶轮和吸入口组成。叶轮的叶片型式有流线型、后弯叶型、前弯叶型和径向型4种。

2）轴流式风机

轴流式风机由叶片、机壳、进风口及电机组成,多为直联方式,占地面积小、便于维修、风压较低、风量较大,多用于阻力较小的大风量系统。

3）混流式风机

混流式风机集中了离心式风机的高压和轴流式风机的大风量的特点。

4）高温消防排烟式风机

在正常情况下可用于日常的通风换气。遭遇火险时,抽排室内高温烟气,增强室内空气流通。此类风机具有耐高温的特点,适用于高层建筑、烘箱、车库、隧道、地铁、地下商场等场合的通风换气和消防排烟。

5）斜流式风机

斜流式风机分为单速和双速两种，具有结构紧凑、体积小、维修方便等优点。可以根据不同的使用场合，采用改变安装角度、改变叶片数、改变转速、改变机号等方法达到多方面的使用要求。

6）屋顶、侧壁排风机

屋顶、侧壁排风机有普通离心式屋顶风机和低噪声离心式屋顶风机。适用于厂房、仓库、高层建筑、实验室、影剧院、宾馆、医院等场合的局部换气。

7）空调通风风机

空调通风风机具有适用范围大、噪声低、重量轻、安装方便、运行可靠的优点，可以与各空调厂的组合式空调机组配套。

2. 除尘设备

为防止大气污染，排风系统在将空气排出大气前，应根据实际情况进行净化处理，使粉尘与空气分离，进行这种处理过程的设备称为除尘设备。

除尘设备的种类有很多，包括以下类型。

1）根据主要除尘机理的不同

（1）重力除尘，如重力沉降室。

（2）惯性除尘，如惯性除尘器。

（3）离心力除尘，如旋风除尘器。

（4）过滤除尘，如袋式除尘器、颗粒层除尘器、纤维过滤器、纸过滤器。

（5）洗涤除尘，如自激式除尘器、卧式旋风水膜除尘器。

（6）静电除尘，如电除尘器。

2）根据除尘过程用水（或其他液体）与否

（1）干式除尘。

（2）湿式除尘。

3）根据气体净化程度的不同

（1）粗净化，主要是除掉粗大尘粒，一般多用于多级除尘的第一级。

（2）中净化，主要是通风除尘系统，要求净化后的空气含尘浓度不超过 $100\sim200mg/m^3$。

（3）细净化，主要是通风空调系统的进风系统和再循环系统，要求净化后的空气含尘浓度不超过 $1\sim2mg/m^3$。

（4）超净化，主要用于除掉 $1\mu m$ 以下的细小粉尘，用于洁净度要求较高的房间，净化后的空气含尘浓度根据工艺要求确定。

3. 过滤器

除尘设备多用于工业通风工程中，民用建筑中的通风系统根据使用要求安装不同效能的过滤器，有初效过滤器、中效过滤器、高效过滤器 3 种规格。通常来说，初效和中效过滤器用于普通民用建筑的空调系统；高效过滤器用于洁净车间、洁净厂房、实验室及手术室等对空气洁净度要求比较高的场所。

4. 风管或风道

1）风管

风管是指采用金属、非金属薄板或其他材料制作而成，用于空气流通的管道。根据材质不同,风管有以下类型。

(1) 金属风管:镀锌钢板风管、不锈钢板风管等。

(2) 非金属风管:硬聚氯乙烯风管、玻璃钢风管等。

(3) 复合材料风管:酚醛风管、聚氨酯风管等。

2) 风道

风道是指采用混凝土、砖等建筑材料砌筑而成,用于空气流通的通道。例如用于住宅厨房或卫生间的排风道,正压送风系统的井道等。

5. 风管部件与风管配件

1) 风管部件

风管系统中的各类风口、阀门、风罩、风帽、消声器、空气过滤器、检查门和测定孔等功能件。

2) 风管配件

风管系统中的弯管、三通、四通、异形管、导流叶片和法兰等构件。

4.2　风管系统的加工与制作

4.2.1　风管质量的一般要求

1. 一般规定

(1) 金属风管的规格应以外径或外边长为准;非金属风管和风道的规格应以内径或内边长为准。

(2) 镀锌钢板及含有各类复合保护层的钢板应采用咬口连接或铆接,不得采用焊接连接。

(3) 风管的密封应以板材连接的密封为主,也可采用密封胶嵌缝或其他方法。密封胶的性能应符合使用环境的要求,密封面宜设在风管的正压侧。

2. 风管材质要求

(1) 风管制作所用的板材、型材以及其他主要材料进场时应进行验收,质量应符合设计要求及国家现行标准的有关规定,并应提供出厂检验合格证明。

(2) 净化空调系统风管的材质应符合下列规定。

① 应按工程设计要求选用。当设计无要求时,宜采用镀锌钢板,且镀锌层厚度不应小于 $100g/m^2$。

② 当生产工艺或环境要求采用非金属风管时,应采用不燃材料或难燃材料,且表面应光滑、平整、不产尘、不易霉变。

(3) 防火风管的本体、框架与固定材料、密封垫料等必须采用不燃材料,防火风管的耐火极限时间应符合系统防火设计的规定。

(4) 复合材料风管的覆面材料必须采用不燃材料,内层的绝热材料应采用不燃或难燃且对人体无害的材料。

(5) 防排烟系统的柔性短管必须采用不燃材料。

3. 风管加工质量检测

(1) 风管系统按工作压力划分为微压、低压、中压与高压 4 个类别,并应采用相应类别的风管。风管类别应按表 4-1 的规定进行划分。

表 4-1　风管类别

类别	风管系统工作压力 P/Pa		密封要求
	管内正压	管内负压	
微压	$P \leqslant 125$	$P > -125$	接缝及接管连接处应严密
低压	$125 < P \leqslant 500$	$-500 < P \leqslant -125$	接缝及接管连接处应严密,密封面宜设在风管的正压侧
中压	$500 < P \leqslant 1500$	$-1000 < P \leqslant -500$	接缝及接管连接处应加设密封措施
高压	$1500 < P \leqslant 2500$	$-2000 < P \leqslant -1000$	所有的接缝及接管连接处均应采取密封措施

(2) 风管加工质量应通过工艺性的检测或验证,强度和严密性要求应符合下列规定。

① 风管在试验压力保持 5min 及以上时,接缝处应无开裂,整体结构应无永久性的变形及损伤。试验压力应符合下列规定:低压风管应为 1.5 倍的工作压力;中压风管应为 1.2 倍的工作压力,且不低于 750Pa;高压风管应为 1.2 倍的工作压力。

② 矩形金属风管的严密性试验,在工作压力下的风管允许漏风量应符合表 4-2 的规定。

表 4-2　风管允许漏风量

类　别	允许漏风量/$[m^3/(h \cdot m^2)]$
低压	$Q_l \leqslant 0.1056P^{0.65}$
中压	$Q_m \leqslant 0.0352P^{0.65}$
高压	$Q_h \leqslant 0.0117P^{0.65}$

注:Q_l 为低压风管允许漏风量;Q_m 为中压风管允许漏风量;Q_h 为高压风管允许漏风量;P 为系统风管工作压力(Pa)。

③ 低压、中压圆形金属与复合材料风管,以及采用非法兰形式的非金属风管的允许漏风量,应为矩形金属风管规定值的 50%。

④ 砖、混凝土风道的允许漏风量不应大于矩形金属低压风管规定值的 1.5 倍。

⑤ 排烟、除尘、低温送风及变风量空调系统风管的严密性应符合中压风管的规定,N1~N5 级净化空调系统风管的严密性应符合高压风管的规定。

⑥ 风管系统工作压力绝对值不大于 125Pa 的微压风管,在外观和制造工艺检验合格的基础上,不应进行漏风量的验证测试。

⑦ 输送剧毒类化学气体及病毒的实验室通风与空调风管的严密性能应符合设计要求。

4.2.2　风管加工的基本操作

1. 金属风管的加工

金属风管加工过程依次为放样、划线、剪切、折方或卷圆、对口连接。

1) 放样

按 1:1 的比例将风管及管件、配件的展开图形画在板材表面上,以作下料的剪切线。

2）划线

金属板加工制作风管时，用几何作图法，在板面上划出各种线段和加工件的展开图形。

3）剪切

按照划线形状进行裁剪下料，剪切时应对准划线，做到位置准确，切口整齐。

4）折方或卷圆

折方用于矩形风管和配件的直角成型，有手工折方和机械折方两种方法。

卷圆用于圆形风管和配件的成型，是将下料的平板卷成圆形后，再闭合连接。

5）对口连接

金属风管的对口连接，通常有咬口、铆接和焊接等方法。

（1）咬口。将要相互接合的两个板边折成能相互咬合的各种钩形，钩接后压紧折边。适用于厚度小于或等于1.2mm的普通薄钢板或镀锌薄钢板，厚度小于或等于1.0mm的不锈钢板及厚度小于或等于1.5mm的铝板。

咬口形式有单平咬口、单立咬口、转角咬口、联合角咬口和按扣式咬口。不同咬口形式见图4-1。

（2）铆接。将两块要连接的板材翻边搭接，并用铆钉穿连铆合在一起的方法。主要用于风管、部件或配件与法兰的连接。铆接见图4-2。

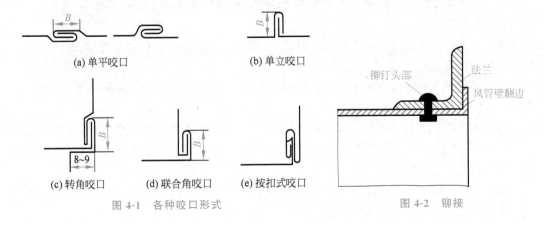

图 4-1　各种咬口形式　　　　　　　　　　图 4-2　铆接

（3）焊接。因风管密封要求较高或板材较厚不能用咬口连接时，板材的连接常采用焊接。常用的焊接方法有电焊、气焊、锡焊及氩弧焊。

常用焊缝形式有对接缝、角缝、搭接缝、搭接角缝、扳边缝、扳边角缝等。

2. 非金属风管的加工

1）硬聚氯乙烯管的连接

硬聚氯乙烯板材制作风管时，主要采用热空气焊接法进行连接。焊接的主要设备包括空气压缩机、空气过滤器、调压变压器、分气器、输气胶管、电热式焊枪等。

板材焊接对接的焊缝形式有对接焊缝、搭接焊缝、填角焊缝及对角焊缝4种，其中，对接焊缝的机械强度最高。

2）玻璃钢板材的连接

玻璃钢风管的管段或配件采用法兰连接。为保证质量，在加工风管或配件时，将风管与法兰一起加工成型，使其连为一体。

4.2.3　风管的加固

1. 圆形风管的加固

圆形风管的制作长度,考虑运输和安装方便、板材的规格、节省材料等因素,一般不宜超过 4m。

圆形风管本身刚度较好,加上直风管两端的连接法兰有加固作用,一般不再考虑风管自身的加固。但以下情况需要采取加固措施。

(1) 直咬缝圆形风管直径大于或等于 800mm,且管段长度大于 1250mm 或总表面积大于 4m^2 时。

(2) 用于高压系统的螺旋风管,直径大于 2000mm 时。

2. 矩形风管的加固

与圆形风管相比,矩形风管自身强度低,为减少风管在运输和安装途中的变形,制作时必须同时加固。以下矩形风管需要采取加固措施。

(1) 矩形风管的边长大于 630mm 或矩形保温风管边长大于 800mm,管段长度大于 1250mm。

(2) 低压风管单边平面面积大于 1.2m^2,中压、高压风管大于 1.0m^2。

3. 金属风管的加固

(1) 金属风管的加固可采用角钢加固、立咬口加固、楞筋加固、扁钢内支撑、螺杆内支撑和钢管内支撑等多种形式。

(2) 楞筋(线)的排列应规则,间隔应均匀,最大间距应为 300mm,板面应平整,凹凸变形(不平度)不应大于 10mm。

(3) 角钢或采用钢板折成加固筋的高度应小于或等于风管的法兰高度,加固排列应整齐、均匀。与风管的铆接应牢固,最大间隔不应大于 220mm;各条加箍筋的相交处或加箍筋与法兰相交处宜连接固定。

(4) 管内支撑与风管的固定应牢固,穿管壁处采取密封措施。各支撑点之间或支撑点与风管的边缘或法兰间的距离应均匀,且不应大于 950mm。

(5) 当中压、高压系统风管管段长度大于 1250mm 时,应采取加固框补强措施。高压系统风管的单咬口缝,还应采取防止咬口缝胀裂的加固或补强措施。

4.2.4　风管部件的制作

1. 风阀

成品风阀的制作应符合下列规定。

(1) 风阀应设有开度指示装置,并应能准确反映阀片开度。

(2) 手动风量调节阀的手轮或手柄应以顺时针方向转动为关闭状态。

(3) 电动、气动调节阀的驱动执行装置,动作应可靠,在最大工作压力下应工作正常。

(4) 净化空调系统的风阀,活动件、固定件以及紧固件均应采取防腐措施,风阀叶片主轴与阀体轴套配合应严密,且应采取密封措施。

(5) 工作压力大于 1kPa 的调节风阀,生产厂应提供在 1.5 倍工作压力下能自由开关的强度测试合格的证书或试验报告。

(6) 密闭阀应能严密关闭,漏风量应符合设计要求。

(7) 防火阀、排烟阀或排烟口的质量必须符合消防产品的规定。

2. 消声器、消声弯管

消声器、消声弯管的制作应符合下列规定。

(1) 消声器的类别、消声性能及空气阻力应符合设计要求和产品技术文件的规定。

(2) 矩形消声弯管平面边长大于800mm时,应设置吸声导流片。

(3) 消声器内消声材料的织物覆面层应平整,不应有破损,并应顺气流方向进行搭接。

(4) 消声器内的织物覆面层应有保护层,保护层应采用不易锈蚀的材料,不得使用普通铁丝网。当使用穿孔板保护层时,穿孔率应大于20%。

(5) 净化空调系统消声器内的覆面材料应采用尼龙布等不易产生尘埃的材料。

(6) 微穿孔(缝)消声器的孔径或孔缝、穿孔率及板材厚度应符合产品设计要求,综合消声量应符合产品技术文件要求。

3. 柔性短管

柔性短管的制作应符合下列规定。

(1) 柔性短管的外径或外边长应与风管尺寸相匹配。

(2) 柔性短管应采用抗腐、防潮、不透气及不易霉变的柔性材料。

(3) 用于净化空调系统的柔性短管还应是内壁光滑、不易产生尘埃的材料。

(4) 柔性短管的长度宜为150~250mm,接缝的缝制或黏结应牢固、可靠,不应有开裂;成型短管应平整,无扭曲等现象。

(5) 柔性短管不应为异径连接管,矩形柔性短管与风管连接不得采用抱箍固定的形式。

(6) 柔性短管与法兰组装宜采用压板铆接连接,铆钉间距宜为60~80mm。

(7) 防排烟系统的柔性短管必须采用不燃材料。即在高温280℃下能够持续安全运行30min及以上的不燃材料。

4. 风罩

通风与空调工程系统中风罩种类很多,风罩的制作应符合下列规定。

(1) 风罩的结构应牢固,形状应规则,表面应平整光滑,转角处弧度应均匀,外壳不得有尖锐的边角。

(2) 与风管连接的法兰应与风管法兰相匹配。

(3) 厨房排烟罩下部集水槽应严密不漏水,并应坡向排放口。罩内安装的过滤器应便于拆卸和清洗。

(4) 槽边侧吸罩、条缝抽风罩的尺寸应正确,吸口应平整。罩口加强板间距应均匀。

5. 风帽

风帽的制作应符合下列规定。

(1) 风帽的结构应牢固,形状应规则,表面应平整。

(2) 与风管连接的法兰应与风管法兰相匹配。

(3) 伞形风帽伞盖的边缘应采取加固措施,各支撑的高度尺寸应一致。

(4) 锥形风帽内外锥体的中心应同心,椎体组合的连接缝应顺水,下部排水口应畅通。

(5) 筒形风帽外筒体的上下边缘应采取加固措施,不圆度不应大于直径的2%。伞盖边缘与外筒体的距离应一致,挡风圈的位置应准确。

(6) 旋流型屋顶自然通风器的外形应规整,转动应平稳流畅,且不应有碰擦音。

6. 风口

风口加工工艺基本上分为画线、下斜、冲盘压框、钻孔、焊接和组装成型。风口表面应平整,与设计尺寸的允许偏差不应大于 2mm,矩形风口两对角线之差不应大于 3mm,圆形风口任意正交直径的允许偏差不应大于 2mm。

风口的制作应符合下列规定。

(1) 风口的结构应牢固,形状应规则,外表装饰面应平整。

(2) 风口的叶片或扩散环的分布应均匀。

(3) 风口各部位的颜色应一致,不应有明显的划伤和压痕。调节机构应转动灵活、定位可靠。

(4) 风口应以颈部的外径或外边长尺寸为准。

4.3 风管系统的安装

4.3.1 风管系统施工的工艺流程

1. 风管系统安装的施工条件

(1) 一般送排风系统和空调系统的风管安装,需在建筑物的屋面做完、安装部位的障碍物已清理干净的条件下进行。

(2) 空气洁净系统的管道安装,需在建筑物内部有关部位的地面干净、墙面已抹灰、室内无大面积扬尘的条件下进行。

(3) 一般除尘系统风管的安装,需在厂房内与风管有关的工艺设备安装完毕,设备的接管或吸尘、排尘罩位置已定的条件下进行。

(4) 通风及空调系统管路组成的各种风管、部件、配件均已加工完毕,并经质量检查合格。

(5) 与土建施工密切配合。应预留的安装孔洞、预埋的支架构件均已完好,并经检查符合设计要求。

(6) 施工准备工作已做好,施工工具、吊装机械设备、必要的脚手架或升降平台已齐备,施工用料已能满足要求。

2. 风管系统安装的工艺流程

施工前的准备→风管、部件、法兰的预制与组装→支吊架制作与安装→风管系统安装→通风设备安装→风管严密性检验→风管、部件及设备绝热施工→通风设备试运转、单机调试→竣工验收。

1) 施工前准备工作

(1) 制定工程施工的工艺文件和技术措施,按规范要求规定所需验证的工序交接点和相应的质量记录,以保证施工过程质量的可追溯性。

(2) 根据施工现场的实际条件,综合考虑土建、装饰、机电等专业对公用空间的要求,核对相关施工图,从满足使用功能和观感质量的要求,进行管线空间管理、支架综合设置和系统优化路径的深化设计,以免施工中造成不必要的材料浪费和返工损失。

(3) 与设备和阀部件的供应商及时沟通,确定接口形式、尺寸、风管与设备连接端部的做法。进口设备及连接件采购周期长,必须提前了解接口方式,以免影响工程进度。

(4) 对进入施工现场的主要原材料、成品、半成品和设备进行验收,一般应由供货商、监理、施工单位的代表共同参加,验收必须得到监理工程师的认可,并形成文件。

(5) 认真复核预留孔、洞的形状尺寸及位置,预埋支、吊架的位置和尺寸,以及梁柱的结构形式等,确定风管支架、吊架的固定形式,配合土建进行留槽留洞,避免施工中过多剔凿。

2) 通风空调工程深化设计

(1) 确定管线排布。在有限空间内最合理布置管道系统及设备的位置和标高。通风空调工程是大型公建机电工程中占空间最大的分部工程,尤其风管尺寸较大;通风空调的风管、水管与其他机电管线间存在大量集中排列和交叉排列情况,为此在通风空调工程施工前应认真进行图纸会审,针对某个安装层面和某个局部区域对通风空调工程涉及的专业管线进行统筹考虑,在符合设计工艺、规范标准和保证观感质量最优的前提下进行合理的综合排列布置,以确保管线在有限空间内的最合理布置位置和标高,确定优化方案。

(2) 优化方案。一方面可深化综合管线排布;另一方面可优化机电管线的施工工序。发现原设计管线排列的碰撞问题,对管线重新进行排布,确保管线相互间的位置、标高满足设计、施工及维修的要求。将管线事先进行排布后,可预知建筑空间内相关的机电管线的布置,确定合理的施工工序,以避免不同专业人员交叉作业造成不必要的拆改。

(3) BIM 技术的应用。BIM 技术的不断深入应用对解决通风空调管道的深化综合排布提供了很好的技术手段和方法。

4.3.2　风管安装

1. 风管支架、吊架的形式及安装

风管通常沿墙、柱、楼板或屋架敷设,安装固定在支架、吊架上。支架、吊架的安装质量直接影响着风管安装的进程和质量。

1) 风管支架、吊架的安装形式

(1) 风管支架在墙上安装。沿墙安装的风管常用托架固定。风管、托架横梁一般用角钢制作,当风管直径大于 1000mm 时,托架横梁则应用槽钢。

托架安装时,圆形风管以管中心标高为准、矩形风管以管底标高为准,按设计标高定出托架横梁面到地面的安装距离,横梁埋入墙内应不小于 200mm。

(2) 风管支架在柱上安装。风管托架横梁用预埋钢板或预埋螺栓的方法固定,或用圆钢、角钢等型钢做抱柱式安装。

(3) 风管吊架。当风管安装位置距墙、柱较远,不能采用托架安装时,常用吊架安装。圆形风管的吊架由吊杆和抱箍组成;矩形风管的吊架由吊杆和托梁组成。

(4) 垂直风管的安装。垂直风管不受荷载,可利用风管法兰连接吊杆固定,或用扁钢制作的两半圆管卡栽埋于墙上固定。

2）风管支架、吊架安装的注意事项

（1）金属风管水平安装，直径或边长小于或等于400mm时，支架、吊架间距不应大于4m；直径或边长大于400mm时，支架、吊架间距不应大于3m。螺旋风管的支架、吊架的间距可分别为5m、3.75m；薄钢板法兰风管的支架、吊架间距不应大于3m。垂直安装时，应设置至少2个固定点，支架间距不应大于4m。

（2）支架、吊架的设置不应影响阀门、自控机构的正常工作，且不应设置在风口、检查门处，离风口和分支管的距离不宜小于200mm。

（3）悬吊的水平主、干风管直线长度大于20m时，应设置防晃支架或防止摆动的固定点。

（4）矩形风管的抱箍支架，折角应平直，抱箍应紧贴风管。圆形风管的支架应设托座或抱箍，圆弧应匀称，且应与风管外径一致。

（5）不锈钢板、铝板风管与碳素钢支架的接触处，应采取隔绝或防腐绝缘措施。

（6）边长或直径大于1250mm的弯头、三通等部位应设置单独的支架、吊架。

2. 风管的安装

1）风管的组合连接

风管连接有法兰连接和无法兰连接。

（1）法兰连接。主要用于风管与风管或风管与部件、配件间的连接。法兰安装拆卸方便，并对风管起加强作用。法兰按风管的截面形状，分为圆形法兰和矩形法兰；按风管使用的金属材质，分为钢法兰、不锈钢法兰、铝法兰。

法兰连接时，按设计要求确定垫料后，把两个法兰先对正，穿上几个螺栓并戴上螺母，暂时不要紧固，待所有螺栓都穿上后，再把螺栓拧紧。为避免螺栓滑扣，紧固螺栓时应按十字交叉、对称均匀地拧紧。连接好的风管，应以两端法兰为准，拉线检查风管连接是否平直。

不锈钢风管法兰连接的螺栓，宜用同材质的不锈钢制成，如用普通碳素钢标准件，应按设计要求喷刷涂料。铝板风管法兰连接应采用镀锌螺栓，并在法兰两侧垫镀锌垫圈。硬聚氯乙烯风管和法兰连接，应采用镀锌螺栓或增强尼龙螺栓，螺栓与法兰接触处应加镀锌垫圈。

（2）无法兰连接。圆形风管无法兰连接，主要用于一般送排风系统和螺旋缝圆风管的连接。其连接方式有承插连接、芯管连接及抱箍连接。

矩形风管无法兰连接，其连接方式有插条连接、立咬口连接及薄钢材法兰弹簧夹连接。

2）风管的吊装

为保证安装质量，加快施工速度，风管的安装多采用现场地面组装，再分段吊装的施工方法。

吊装前应再次检查支架、吊架的安装位置、标高是否正确、牢固；起吊管段绑扎牢固后进行吊装；吊离地面200～300mm时，停止起吊，检查滑轮、绳索等受力情况，确认安全后再继续吊升至托架或吊架上；吊装就位后，找平找正并进行固定；水平主管安装并经位置、标高检测负荷要求及固定牢固后，才可进行分支管或立管的安装。

3）风管安装的注意事项

（1）风管内严禁其他管线穿越。

（2）输送含有易燃、易爆气体或安装在易燃、易爆环境的风管系统必须设置可靠的防静电接地装置。

（3）输送含有易燃、易爆气体的风管系统通过生活区域或其他辅助生产车间时不得设置接口。

（4）室外风管系统的拉索等金属固定件严禁与避雷针或避雷网连接。

（5）当风管穿过需要封闭的防火、防爆的墙体或楼板时，必须设置厚度不小于1.6mm的钢制防护套管；风管与防护套管之间应采用不燃柔性材料封堵严密。

（6）风管的连接应平直。明装风管水平安装时，水平度的允许偏差应为3‰，总偏差不应大于20mm；明装风管垂直安装时，垂直度允许偏差应为2‰，总偏差不应大于20mm。暗装风管安装的位置应正确，不应有侵占其他管线安装位置的现象。

（7）保温风管宜在吊装前做好保温工作，吊装时应注意避免保温层受到损伤。

4.3.3 风管部件的安装

1. 风管部件的安装要求

1）风管部件

通风空调风管系统的部件，包括调节总管或支管风量的各类风阀，如多叶阀、蝶阀、插板阀等；系统末端装置，如各类送风口、排风口、回风口等；局部通风系统的各类风帽、吸尘罩、排气罩及柔性短管等。

2）风管部件的安装要求

（1）风管部件及操作机构的安装应便于操作。

（2）斜插板风阀安装时，阀板应顺气流方向插入；水平安装时，阀板应向上开启。

（3）止回阀、定风量阀的安装方向应正确。

（4）防爆波活门、防爆超压排气活门安装时，穿墙管的法兰和在轴线视线上的杠杆应铅锤，活门开启应朝向排气方向，在设计的超压下能自动启闭。关闭后，阀盘与密封圈贴合应严密。

（5）防火阀、排烟阀（口）的安装位置、方向应正确。位于防火分区隔墙两侧的防火阀，距墙表面不应大于200mm。

2. 风阀的安装

1）风阀安装的位置

（1）风量调节阀：安装在总风管、支风管、风口等处。风阀与风管多采用法兰连接。

（2）止回阀：通常用于防止风机停止运转后气流倒流，安装在风机出口风管上。

（3）防火阀：用于火灾时切断气流，安装在送风、回风总管穿越机房的隔墙和楼板处、不同防火分区风管的穿墙处等位置。

2）风阀的安装要求

（1）风阀应安装在便于操作及检修的部位。安装后，手动或电动操作装置应灵活可靠，阀板关闭应严密。

（2）直径或边长尺寸大于或等于630mm的防火阀，应设独立支架、吊架。

（3）排烟阀（排烟口）及手控装置（包括钢索预埋套管）的位置应符合设计要求。钢索预埋套管弯管不应多于2个，且不得有死弯及瘪陷；安装完毕后应操控自如，无卡涩现象。

（4）除尘系统吸入管段的调节阀，宜安装在垂直管段上。

3. 风口的安装

1）风口的类型

（1）插板式（或算板）式风口：常用于通风系统或要求不高的空调系统的送风口、回风口。插板、算板应平整，边缘光滑，抽动灵活；算板式风口组装后应能达到完全开启和闭合。

（2）百叶式风口：常用于空调系统，可安装在风管上、风管末端或墙上。百叶风口的叶片间距应均匀，两端轴的中心应在同一直线上。

（3）散流器：常用于空调或空气洁净系统。散流器的扩散环与调节环应同轴，轴向间距分布应均匀。

（4）孔板式风口：孔口不得有毛刺，孔径和孔距应符合设计要求。

2）风口的安装要求

（1）风口与风管的连接应严密、牢固；边框与建筑面贴实，外表面应平整不变形。

（2）同一房间内的相同风口的安装高度应一致，排列整齐。

（3）风口在安装前和安装后都应扳动一下调节柄或杆。

安装风口时，应注意风口与房间的顶线和腰线协调一致。风管暗装时，风口应服从房间的线条。吸顶安装的散流器应与顶面平齐，散流器的每层扩散圈应保持等距，散流器与总管的接口应牢固可靠。

4. 柔性短管的安装

1）柔性短管的应用

柔性短管用于风机和风管的连接、风管与设备的连接、风管穿越沉降缝或变形缝等处。

2）柔性短管的安装要求

（1）柔性短管的安装，应松紧适度，目测平顺、不应有强制性的扭曲。

（2）可伸缩金属或非金属柔性风管的长度不宜大于 2m。

（3）柔性风管支架、吊架的间距不应大于 1500mm，承托的座或箍的宽度不应小于 25mm，两支架间风道的最大允许下垂应为 100mm，且不应有死弯或塌凹。

（4）不能用柔性短管作为找平找正的连接管或异径管，柔性短管外部不宜作保温层，以免减弱柔性。

4.4 通风设备的安装

4.4.1 风机的安装与试运行

1. 风机安装的基本要求

安装风机时，应仔细对照设计图纸，明确风机型号、规格、传动方式、进出风口的位置、叶轮旋转方向等，以保证安装工作的顺利进行。

从安装工艺来看，风机的安装可分为整体式、组合件或零件的解体式安装两种。风机的安装的基本技术要求如下。

（1）风机基础、消声、防振装置应符合施工图纸要求，安装位置正确、平正、转动灵活。

（2）风机在搬运和吊装过程中应注意：整体安装时，搬运和吊装的绳索不得捆在转子、机壳或轴承盖的吊环上；解体式现场组装时，绳索的捆绑不得损伤机件表面、转子表面及齿轮轴两端中心孔。

（3）风机叶轮回转平衡与机壳无摩擦，叶轮转动时其端部与吸气短管的间隙应均匀。

（4）叶轮的旋转方向应正确。

（5）通风机传动装置的外露部位及直通大气的进风口、出风口，必须装设防护罩、防护网，或采取其他安全防护措施。

（6）风机的进风口、出风口不得承受外加的重量，相连接的风管、阀件应设置独立的支架、吊架。

2. 离心式风机的安装

离心式风机的安装基本程序：风机的开箱检查；基础安装或支架安装；风机机组的吊装校正、找平；二次浇灌或与支架的紧固；复测安装的同心度及水平度；机组的试运转。

1）基础上安装

（1）整体式小型风机的安装。整体式小型风机在基础上安装，方法类似于有底座的水泵的安装。

（2）解体式风机的安装。解体式风机在基础上的安装，按照以下步骤进行。

① 将基础及地脚螺栓孔清理干净，在基础上画出风机安装定位的纵、横中心线。

② 在风机机座上穿上地脚螺栓，把机壳机座吊装到基础上使之就位。

③ 将叶轮装在轮轴上。

④ 把电动机及轴承架吊放在基础上。

⑤ 用水平仪或水平尺检查风机的轮轴是否水平，若不水平可在基础上加斜垫铁找平。

⑥ 滑动轴承轴瓦间隙的检查及调整。

⑦ 风机外壳找正。

⑧ 电动机找正。

⑨ 机壳、机座组合件及电动机 3 部分均找平找正后，进行二次浇灌。

⑩ 安装皮带。

2）支架上安装

（1）风机安装前，应按设计要求先把支架做好，或栽埋于墙体或抱紧于柱面。

（2）将风机平正地固定于支架上。

3. 轴流式风机的安装

轴流式风机有墙内安装和支架上安装两种形式。

1）墙内安装

风机在墙内安装前，应配合土建施工预留孔洞，留洞尺寸应根据风机型号规格确定。

风机底座必须与安装基面自然结合，不得用敲打的方式强行稳固，以防底座变形。安装时底座必须找平找正，拧紧固定螺栓。安装后风机外壳与安装孔洞之间的缝隙用铁皮或木料填实。

2）支架上安装

轴流式风机在支架上安装，同离心式风机的安装。

安装后，应检查叶轮与风筒间的间隙是否均匀，用手拨动叶片检查有无刮壳现象。

4.风机的试运行

1)风机启动前的检查

(1)检查机组各部分螺栓有无松动。

(2)检查机壳内及吸风口附近有无杂物,防止吸入杂物卡住叶轮,损坏设备。

(3)检查轴承油量是否充足合适。

(4)转动风机转子,检查有无卡住及摩擦现象。

(5)检查电机与风机转向是否一致。

2)风机的启动

(1)离心式风机启动时,应关闭出口处调节阀,以减小启动时电机负荷。

(2)轴流式风机应先打开调节风门和进口百叶窗后,再启动。

3)风机的运行

(1)风机运行过程中,应经常检查机组运转情况,适当添加润滑油。

(2)当有机身发生剧烈振动、轴承或电动机温度过高(超过70℃)以及其他不正常现象时,应及时采取措施,预防事故发生。

(3)风机机组试运行的连续运转时间应不少于2h,无运转异常即可办理交验手续。

4.4.2　其他设备的安装

1.空气过滤器的安装

1)网格干式过滤器及浸油过滤器

安装方法步骤如下。

(1)按设计要求的数量及安装形式焊好角钢安装框架,包括底架及方格框架。

(2)将各块过滤器嵌入方格框内,过滤器边框与支撑格框用螺栓固定。

(3)框与框连接处,衬石棉橡胶板或毛毡垫料,保证严密。

为了方便检修,安装于风管中的网格干式过滤器可做成抽屉式。

干式或浸油网格过滤器可布置成直立式、人字形等不同形式。

2)自动浸油过滤器

自动浸油过滤器由过滤层、油槽和传动机构3部分组成。

安装方法步骤如下。

(1)安装前应预留过滤器安装孔,并预埋角钢安装框。

(2)安装时先把过滤器边框与安装框固定,固定时两框之间垫以10mm厚的耐油橡胶板,使之严密,用螺栓紧固。

(3)将过滤层放在煤油中清洗干净,用布擦干,待启动电机检查转轴旋转情况良好后,把过滤层装在转轴上,启动过滤器1h,再停车30min,使余油流下后,再把油槽加满到规定油位。

自动浸油过滤器的传动机构的电机与转轴必须安装平正,启动检查必须运转良好,使过滤层垂直平稳旋转。

3)自动卷绕式过滤器

自动卷绕式过滤器由过滤层及电动机带动的自动卷绕机构组成。

过滤层是用合成纤维制成的毡状滤料,即无纺布,卷绕在各转折布置的转轴上。使用一段时间后,过滤层积尘使前后气流达到一定压差,即可通过自控装置启动电动机,带动下部卷筒启动,将滤料层自上而下地卷绕,直至积尘滤布卷绕完,即可换装新的滤料层。

小型卷绕式过滤器一般为整体安装,固定于预埋的地脚螺栓及预留安装孔预埋的铁件上;大型卷绕式过滤器可在现场组装,注意上下卷筒应安装平行,框架应平整,与各结构预埋件连接应牢固严密,滤料层应松紧适当,辊轴及传动机构应灵活,运转应平稳无异常振动噪声。

4) 袋式过滤器

袋式过滤器一般用作中效过滤,采用多层不同孔隙率的无纺布作滤料,加工成扁布袋形状,袋口固定在角钢框架上,然后固定在顶先加工好的角钢安装框架上,中间加法兰垫片以保证连接严密。在安装框架上安装的多个扁布袋平行排列,袋身用钢丝撑起或用挂钩吊住。安装时注意袋口方向应符合设计要求。

5) 高效过滤器

高效过滤器用于空气净化系统,或有超净要求的空调系统的终过滤,其前部还应设粗效、中效过滤器加以保护。

高效过滤器的滤料采用超细玻璃纤维、超细石棉纤维制成。为增大过滤面积,过滤器产品多将滤纸折叠成若干层,中间用分隔片支撑。

大型高效过滤器可为整体安装,用于系统集中滤尘,也可分散安装于各个送风口前端风管内。高效过滤器竖向安装时,其波纹片应垂直于地面,以免挠曲折断,应保证严密不漏风,否则过滤器过滤效率将大幅降低。

6) 空气过滤器的安装要求

(1) 过滤器框架安装应平整牢固,方向应正确,框架与围护结构之间应严密。

(2) 粗效、中效袋式空气过滤器的四周与框架应均匀压紧,不应有可见缝隙,并应便于拆卸和更换滤料。

(3) 卷绕式空气过滤器的框架应平整,上、下筒体应平行,展开的滤料应松紧适度。

(4) 在净化系统中,高效过滤器应在洁净室(区)进行清洁,系统中末端过滤器前的所有空气过滤器应安装完毕,且系统应连续试运转12h 以上后,应在现场拆开包装并进行外观检查,合格后应立即安装。高效过滤器安装方向应正确,密封面应严密。

2. 除尘器的安装

安装除尘器,应保证位置正确、牢固平稳,进出口方向、垂直度与水平度等必须符合设计要求;除尘器的排灰阀、卸料阀、排泥阀的安装必须严密,并便于日后操作和维修。此外,根据不同类型除尘器的结构特点,在安装时还应注意以下操作点。

1) 机械式除尘器

机械式除尘器组装时,除尘器各部分的相对位置和尺寸应准确,各法兰的连接处应垫石棉垫片,并拧紧螺栓;除尘器与风管的连接必须紧密不漏风;除尘器安装后,在联动试车时应考核其气密性,如有局部渗漏应进行修补。

2) 过滤式除尘器

各部件的连接必须紧密;布袋应松紧适度,接头处应牢固;安装的振打或脉冲式吹刷系统,应动作正常可靠。

3）电除尘器

清灰装置动作灵活可靠，不能与周围其他部件相碰；不属于电晕部分的外壳、安全网等，均有可靠的接地；电除尘器的外壳应作保温层。

4）除尘器的安装规定

（1）产品的性能、技术参数、进出口方向应符合设计要求。

（2）现场组装的除尘器壳体应进行漏风量检测，在设计工作压力下允许漏风量应小于5%，其中离心式除尘器应小于3%。

（3）布袋除尘器、静电除尘器的壳体及辅助设备接地应可靠。

（4）湿式除尘器与淋洗塔外壳不应渗漏，内侧的水幕、水膜或泡沫层成形应稳定。

3. 消声器的安装

（1）安装消声器，应单独设支架、吊架，使风管不承受其重量。

消声器支架的横担板穿吊杆的螺孔距离，应比消声器宽40～50mm，为便于调节标高，可在吊杆端部套50～80mm的丝扣，以便找平、找正用，并加双螺母固定。

（2）消声器的安装方向必须正确，与风管或管线的法兰连接应牢固、严密。当通风（空调）系统有恒温、恒湿要求时，消声器设备外壳与风管同样应作处理。消声器安装就绪后，可用拉线或吊线的方法进行检查，对不符合要求的应进行修整，直到满足设计和使用要求。

4.5 通风系统的调试与验收

4.5.1 通风工程的子分部工程与分项工程

通风与空调工程为整个建筑工程中的一个分部工程。当通风工程以独立的单项工程形式进行施工承包时，则上升为单位工程，通风工程验收合格的前提条件是该工程中所包含的分部工程应全都合格。根据通风工程中各系统功能特性不同，按其相对专业技术性能和独立功能划分为若干个分部分项工程，具体划分见表4-3。

表4-3 通风工程的分部与分项工程

序号	分部工程	分项工程
1	送风系统	风管与配件制作，部件制作，风管系统安装，风机与空气处理设备安装，风管与设备防腐，旋流风口、岗位送风口、织物（布）风管安装，系统调试
2	排风系统	风管与配件制作，部件制作，风管系统安装，风机与空气处理设备安装，风管与设备防腐，吸风罩及其他空气处理设备安装，厨房、卫生间排风系统安装，系统调试
3	防排烟系统	风管与配件制作，部件制作，风管系统安装，风机与空气处理设备安装，风管与设备防腐，排烟风阀（口）、常闭正压风口、防火风管安装，系统调试
4	除尘系统	风管与配件制作，部件制作，风管系统安装，风机与空气处理设备安装，风管与设备防腐，除尘器与排污设备安装，吸尘罩安装，高温风管绝热，系统调试

续表

序号	分 部 工 程	分 项 工 程
5	地下人防通风系统	风管与配件制作,部件制作,风管系统安装,风机与空气处理设备安装,过滤吸收器、防爆波活门、防爆超压排气活门等专用设备安装,风管与设备防腐,系统调试
6	真空吸尘系统	风管与配件制作,部件制作,风管系统安装,管道快速接口安装,风机与滤尘设备安装,风管与设备防腐,系统压力试验及调试
7	设备自控系统	温度、压力与流量传感器安装,执行机构安装调试,防排烟系统功能调试,自动控制及系统智能控制软件调试

4.5.2 通风工程的调试

1. 通风工程系统调试的内容

通风工程安装完毕后,为了使工程达到预期的目标,规定应进行系统的测定和调整(简称调试)。系统调试应包括下列内容。

1) 风机等设备的单机试运转及调试

(1) 通风机。通风机进行单机试运转时,叶轮旋转方向应正确、运转应平稳、应无异常振动与声响,电机运行功率应符合设备技术文件要求。在额定转速下连续运转 2h 后,滑动轴承外壳最高温度不得大于 70℃,滚动轴承最高温度不得大于 80℃。

(2) 阀门。电动调节阀、电动防火阀、防排烟风阀(口)的手动、电动操作应灵活可靠,信号输出应正确。

2) 系统非设计满负荷条件下的联合试运转及调试

单机试运行均达到合格及以上标准后,就可对各通风系统进行联合试运转。

2. 通风机的风压、风量及转数测定

1) 通风机的风压测定

通风机的风压常以全压表示。应测定通风机压出端和吸入端全压的绝对值,两者相加即为通风机的全压。

测定通风机压力的仪器有毕托管和倾斜式微压计。选择测孔位置时,在吸入端尽可能靠近通风机吸入口;在压出端应尽可能选在靠近通风机出口且气流比较稳定的直管段上。

2) 通风机的风量测定

在分别测定通风机吸入端和压出端的动压平均值后,代入平均风速计算公式,分别计算吸入端和压出端的平均风速,最后代入流量方程式,分别计算出吸入端风量和压出端风量。如果两者计算结果的差值大于 5%,则需要重新测定。

通风机的平均风量等于吸入端风量和压出端风量总和的平均值。

3) 通风机的转数测定

用转数表直接测定通风机或电动机的转数。

3. 系统风压及风量的测定

1) 风管内风压及风量的测定

(1) 系统总风管和各支管内的风压测定方法与通风机风压测定方法相同。

（2）风管内风量的测定宜采用热风速仪直接测定风管断面平均风速，然后求取风量的方法。

（3）风管风量测定的断面应选择在直管段上，且距上游局部阻力部件不小于 5 倍管径（或矩形风管长边尺寸），距下游局部阻力部件不小于 2 倍管径（或矩形风管长边尺寸）的管段位置。

（4）系统总风管、主干风管、支风管各测点实测风量，与设计风量的偏差应为 $-5\%\sim+10\%$。

2）风口风量的测定

（1）风口风量测定方法选择宜符合下列规定。

① 散流器风口风量，宜采用风量罩法测定。

② 当风口为格栅或网格风口时，宜采用风口风速法测定。

③ 当风口为条缝形风口或风口气流有偏移时，宜采用辅助风管法测定。

④ 当风口风速法测试有困难时，可采用风管风量法。

（2）风口风量测定应符合下列规定。

① 采用风口风速法测定风口风量时，在风口出口平面上，测点应不少于 6 点，且应均匀布置。

② 采用辅助风管法测定风口风量时，辅助风管的截面尺寸应与风口内截面尺寸相同，长度不应小于 2 倍风口边长。辅助风管应将被测风口完全罩住，出口平面上的测点应不少于 6 点，且应均匀布置。

③ 当采用风量罩测定风口风量时，应选择与风口面积较接近的风量罩罩体，罩口面积不得大于 4 倍风口面积，且罩体长边不得大于风口长边的 2 倍。风口宜位于罩体的中间位置；罩口与风口所在平面应紧密接触，不漏风。

4. 系统风量的平衡

在对通风机风量风压测定、系统风量全面测定后，确认达到设计要求，才可以进行系统风量的调整，从而实现风量平衡的目标。

系统风量的平衡调整可以通过各类调节装置实现。图 4-3 所示为常用的调节方法。

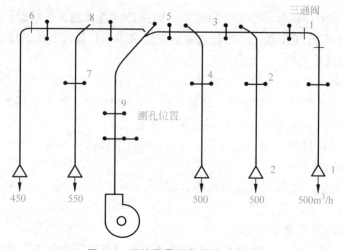

图 4-3 系统风量平衡调整示意图

1）流量等比分配法

当采用等比流量分配法进行风量平衡调整时，通常是从最不利环路（一般为系统最远的一个分支系统，图中1、2支管）开始，根据1、2支管的实测风量，利用调节阀将风量 L_2'/L_1' 的比值，调整到与设计风量 L_2/L_1 的比值近似相等，即使得 $L_2'/L_1'=L_2/L_1$ 后，再依次调整使得 $L_3'/L_4'=L_3/L_4$、$L_5'/L_6'=L_5/L_6$、$L_7'/L_8'=L_7/L_8$，最后调整9管段，使得 $L_9'/L_9\approx1$，即实际总风量近似等于设计总风量。

2）逐段分支调整法

这种方法是先从通风机开始，将通风机送风量先调整到大于设计总风量 $5\%\sim10\%$，再调整7、8两分支管，1、2支管，使之依次接近于设计风量，将不利环路调整近似平衡后，再调整5、6支管。最后调整9管段的总风量，使之接近于设计风量。

这种调整方法带有一定的盲目性，属于"试凑"性的方法，由于前后调整都互有影响，必须经数次反复调整才能使结果较为合适。但对于较小的系统，有经验的试调人员也会经常采用。

5. 通风系统的试运行

通风系统的试运行是在系统通风机、风管、风口风量、风压测定，以及风量平衡的基础上进行的。对通风、除尘系统应在无生产负荷下进行通风机、风管与附件等全系统的联合试运转，其连续运转时间不少于2h。

所有通风、除尘系统的联合试运转情况，均应做好运行记录，作为工程验收的技术文件之一。如各系统在连续运转时间内运转正常，则可认为系统联合试运转合格。

6. 通风系统的验收

通风系统在建设单位、施工单位、设计单位、监理单位的共同参与下，对工程进行全面的外观检查、审查竣工交付文件后，在施工单位经自检提交的分项、分部工程质量检验评定表的基础上，对工程的质量进行最终的评定，如评定结果质量等级达到合格及以上标准后，即可办理验收手续，进行通风工程的竣工验收。

1）通风工程竣工验收资料

（1）图纸会审记录、设计变更通知书和竣工图。

（2）主要材料、设备、成品、半成品和仪表的出厂合格证明及进场检（试）验报告。

（3）隐蔽工程验收记录。

（4）工程设备、风管系统安装及检验记录。

（5）设备单机试运转记录。

（6）系统非设计满负荷联合试运转与调试记录。

（7）分部（子分部）工程质量验收记录。

（8）观感质量综合检查记录。

（9）安全和功能检验资料的核查记录。

（10）新技术应用论证资料。

2）通风工程的外观检查

通风工程的全面外观检查是工程验收时的重要检验内容之一，称为观感质量。通风工程的观感质量应符合下列规定。

（1）风管表面应平整、无破损，接管应合理。风管的连接以及风管与设备或调节装置的连接处不应有接管不到位、强扭连接等缺陷。

（2）风管连接处以及风管与设备或调节装置的连接处不应有明显漏风现象。

（3）各类调节装置的制作和安装应正确牢固，调节灵活，操作方便。

（4）通风机的皮带传动应正确。

（5）除尘器、集尘室安装应牢固，接口应严密。

（6）空气洁净系统风管、静压箱内应清洁、严密。

（7）通风系统的油漆应均匀、光滑，油漆颜色与标志要符合设计要求。

（8）隔热层无断裂松弛现象，外表面要光滑平整。

根据以上检查内容，施工班组在施工过程中应对照加强自检，自检包括工序自检、分项工程竣工自检两方面，均应严格进行。

3）通风工程的质量验收与评定

通风工程的质量验收与评定，按照《通风与空调工程施工质量验收规范》（GB 50243—2016）的规定执行。

思 考 题

1. 机械通风系统是由哪些部分组成的？

2. 根据除尘机理不同，除尘器有哪些类型？

3. 风管部件和风管配件分别有哪些？

4. 风管的强度如何检测或验证？

5. 金属风管加工的程序是什么？

6. 消声器、消声弯管的制作有哪些要求？

7. 风管系统的安装工艺流程是怎样的？

8. 风管支架、吊架的安装有哪些要求？

［学习心得］

第 **5** 章　建筑空调系统安装

章节概述

本章主要介绍建筑空调工程基础知识,空调冷热源设备、空调系统末端设备、空调水系统管道与设备的安装要求和施工验收的程序及要求。

学习目标

了解空调系统工作原理和系统的组成;熟悉空调冷热源形式、室内空调系统的分类、空调水系统的组成;掌握空调系统的安装要求、调试和验收要求。

5.1　建筑空调工程基础知识

对某一房间或空间内的温度、湿度、洁净度和空气流动速度(俗称"四度")等参数等进行调节和控制,并提供足够量的新鲜空气的方法称为空气调节,简称空调。空调可以实现对建筑热湿环境、空气品质的全面控制,包含通风的部分功能。有些场合也需要对空气的压力、气味、噪声等进行控制。

空调系统通常包括空调冷热源、室内空调系统(也称空调系统末端)、空调水系统(也称输配系统)3 大部分。中央空调系统示意图见图 5-1。

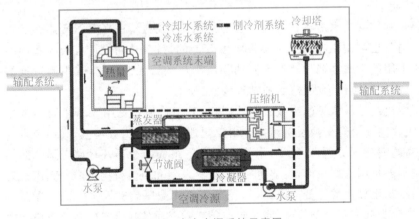

微课:建筑
暖通系统

图 5-1　中央空调系统示意图

5.1.1　空调冷源

能够为空调系统提供冷量的统称为冷源。冷源有天然和人工之分,本小节主要介绍人工冷源设备。

制冷应用最为广泛的方法是液体气化制冷,它是利用液体气化时的吸热效应来实现制冷的目标。常见的空调用制冷设备有蒸汽压缩式制冷系统和溴化锂吸收式制冷系统,其中蒸汽压缩式制冷系统应用最广。

1. 蒸汽压缩式制冷机组

1)蒸汽压缩式制冷系统的组成及原理

蒸汽压缩式制冷系统主要由压缩机、冷凝器、节流机构、蒸发器四大设备组成。这些设备之间用管道和管道附件依次连成一个封闭系统。工作时,低温低压制冷剂蒸汽经压缩机压缩后,变成高温高压的制冷剂蒸汽,进入冷凝器。在冷凝器内与冷却介质进行热交换而冷凝为中温高压的制冷剂液体,经节流机构节流降压后变成低温低压的制冷剂湿蒸汽进入蒸发器。在蒸发器内蒸发吸收被冷却物体的热量,使被冷却物体(如空气、水等)得到冷却。因此,制冷剂在系统中经压缩、冷凝、节流、蒸发 4 个过程依次不断循环,进而达到制冷目的。蒸汽压缩式制冷系统的工作原理图见图 5-2。

由压缩机、冷凝器、节流阀和蒸发器 4 个部件依次用管道连接成封闭的系统,充注适量制冷剂所组成的设备,称为压缩式制冷机组。

2)压缩式制冷机组的类型

(1)根据压缩机的形式,可分为活塞式机组、螺杆式机组和离心式机组。

(2)根据冷凝器的放热介质,可分为水冷机组和风冷机组。

(3)根据蒸发器的吸热介质,可分为冷水机组和冷风机组。

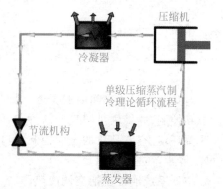

图 5-2　蒸汽压缩式制冷系统的
工作示意原理图

2. 吸收式制冷机组

吸收式制冷主要是利用某些水溶液在常温下强烈的吸水性能,而在高温下又能将所吸收的水分分离出来;同时也利用水在真空下蒸发温度较低的特性,从而设计成吸收式制冷系统。吸收式制冷机采用的工质是两种沸点不同的物质组成的二元混合物,其中沸点低的物质作为制冷剂,沸点高的物质作为吸收剂,通常称为"工质对"。

溴化锂吸收式制冷机组是最常见的吸收式制冷机组,其工作原理见图 5-3,主要由发生器、冷凝器、蒸发器、吸收器 4 个热交换设备组成。由溴化锂和水组成二元溶液,其中沸点低的水为制冷剂,沸点高的溴化锂为吸收剂。4 个热交换设备组成两个循环环路:制冷剂循环与吸收剂循环。左半部是制冷剂循环,主要由冷凝器、蒸发器和节流机构组成。高压气态制冷剂在冷凝器中向冷却水放热被冷凝成液态后,经节流机构减压后进入蒸发器。在蒸发器内,制冷剂液体被气化为低压制冷剂蒸汽,同时吸取被冷却介质的热量产生制冷效应。右半部是吸收剂循环,主要由吸收器、发生器和溶液泵组成。在吸收器中,液态吸收剂吸收蒸发器产生的低压气态制冷剂形成的制冷剂——吸收剂溶液,经溶液泵升压后进入发生器,在发生器中该溶液被加热至沸腾,其中沸点低的制冷剂气化形成高压气态制冷剂,又与吸收剂分离。然后前者进入冷凝器液化,后者则返回吸收器再次吸收低压气态制冷剂。

溴化锂吸收式制冷机组出厂时是一个组装好的整体,溴化锂溶液管道、制冷剂水及水蒸气管道、抽真空管道以及电气控制设备均已装好,现场施工时只连接机外的蒸汽管道、冷却

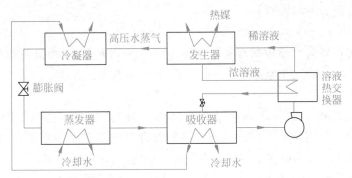

图 5-3　溴化锂吸收式制冷机组的工作原理示意图

水管道和冷冻水管道即可。

3. 热泵机组

1) 热泵原理

热泵是一种将低温热源的热能转移到高温热源的装置。热泵机组的工作原理与压缩式制冷机组一致,液态制冷剂在蒸发器通过蒸发可以吸收热量,从而实现制冷;气态制冷剂在冷凝器通过凝结可以放出热量,从而实现供热。在小型空调器中,为充分发挥其效能,夏季降温和冬季取暖用一套设备实现,将空调器中的蒸发器和冷凝器通过换向阀来调换工作,即可实现制冷和采暖功能的切换。

热泵机组夏季可以制冷,冬季可以采暖,一机两用,十分方便。

2) 热泵机组的类型

根据热泵取热的低温热源,热泵机组可分为以下几种类型。

(1) 空气源热泵。夏季向室外空气中散热,冬季从室外空气中取热。

(2) 水源热泵。夏季向水体中散热,冬季从水体中取热。有河水源热泵、江水源热泵、海水源热泵、污水源热泵等。

(3) 地源热泵。夏季向土层中散热,冬季从土层中取热。

5.1.2　空调热源

能够为空调系统提供热量的统称为热源。

空调系统的热量来自两个方面:锅炉或各种热泵机组。

1. 锅炉

锅炉是通过燃烧燃料,将水加热,提供给空调系统,有燃油和燃气之分。

空调系统的冬季供水温度通常为 50℃ 或 60℃。

2. 热泵机组

热泵机组有空气源热泵、水源热泵、地源热泵等。

5.1.3　室内空调系统

室内空调系统是指室内空气处理系统,也是中央空调系统的末端。室内空调系统依据不同分类方法,分为很多种类型。

1. 根据负担室内负荷所用介质的不同分类

以建筑热湿环境为主要控制对象的系统,按承担室内热负荷、冷负荷和湿负荷的介质的不同,可分为全空气系统、全水系统、空气-水系统、制冷剂系统 4 类。

1) 全空气系统

全空气系统是指空调房间内的负荷全部由经过处理的空气来承担的空调系统,见图 5-4(a)。在全空气系统中,空气的冷却、去湿处理完全由集中于空调机房内的空气处理机组来完成;空气的加热可在空调机房内完成,也可在各房间内完成。

2) 全水系统

全水系统是指空调房间的空调负荷全部由水作为冷(热)工作介质来承担的空调系统,见图 5-4(b)。由于水携带能量(冷量或热量)的能力要比空气大得多,所以无论是夏天还是冬天,在空调房间空调负荷相同的条件下,只需要较小的水量就能满足空调系统的要求。这种系统是用管径较小的输送冷(热)水的管道代替了用较大断面尺寸输送空气的风道。但在实际应用中,仅靠冷(热)水来消除空调房间的余热和余湿,并不能解决房间新鲜空气的供应问题,因而通常不单独采用全水系统。

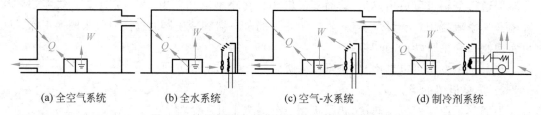

(a) 全空气系统　　(b) 全水系统　　(c) 空气-水系统　　(d) 制冷剂系统

图 5-4　按承担室内负荷的介质分类的空调系统

3) 空气-水系统

空气-水系统是指全空气系统与全水系统的综合应用,它既解决了全空气系统因风量大导致风管断面尺寸大而占据较多有效建筑空间的矛盾,也解决了全水系统空调房间的新鲜空气供应问题,因此这种空调系统特别适合大型建筑和高层建筑。目前很多建筑中采用的风机盘管加独立的新风系统就是典型的空气-水系统,见图 5-4(c)。

4) 制冷剂系统

制冷剂系统是指将制冷系统的蒸发器直接放在空调房间内吸收房间内的余热、余湿,见图 5-4(d)。如现在的家用分体式空调器,它分为室内机和室外机两部分。其中室内机实际就是制冷系统中的蒸发器,并且在其内设置了噪声极小的贯流风机,迫使室内空气以一定的流速通过蒸发器的换热表面,从而使室内空气的温度降低;室外机就是制冷系统中的压缩机和冷凝器,其内设有一般的轴流风机,迫使室外的空气以一定的流速流过冷凝器的换热表面,让室外空气带走高温高压制冷剂在冷凝器中冷却成高压制冷剂液体放出的热量。

2. 根据空气处理设备的集中程度的不同分类

按空气处理设备的集中程度,室内空调系统可分为集中式、半集中式和分散式。

1) 集中式系统

集中式系统是将所有的空气处理设备(包括风机、冷却器、加湿器、空气过滤器等空气处理制冷系统,水系统,自动测试及控制设备)都集中设置在一个空调机房内,对送入空调房间的空气集中处理,然后用风机加压,通过风管送到各空调房间或需要空调的区域。

这种系统下,空气处理设备能实现对空气的各种处理过程,可以满足各种调节范围和空调精度及洁净度要求,也便于集中管理和维护,是工业空调和大型民用公共建筑采用的最基本的空调形式。

集中式系统适用于大型公共建筑,尤其对有较大建筑面积和空间的公共场所和人员较多的建筑物,如大型商场、车站候车厅、候机厅、影剧院等。

2）半集中式系统

半集中式系统具有集中的空气处理室（主要处理室外新鲜空气）和送风管道,同时又在各空调房间设有局部处理装置。设在房间的局部处理装置又称末端装置,如风机盘管、诱导器。

半集中式系统适用于有多个独立空间的场所,以满足不同的需求,如办公楼、宿舍楼、宾馆等建筑物。

3）分散式系统

分散式系统又称局部机组系统,它是把冷源、热源和空气处理设备及空气输送设备（风机）集中设置在一个箱体内,使之形成一个紧凑的空气调节系统。因此,局部机组空调系统不需要专门的空调机房,可根据需要灵活分散地设置在空调房间内某个比较方便的位置,但维修管理不便,分散的小机组能量效率一般比较低,其中制冷压缩机、风机会给室内带来噪声。分散式系统不用单独机房,使用灵活,移动方便,可以满足不同的空调房间不同送风要求,是家用空调及车辆空调的主要形式。

3. 根据集中式系统处理空气来源的不同分类

按处理空气来源分类,集中式空调系统可分为封闭式、直流式和混合式。

1）封闭式系统

封闭式系统也称全循环式集中空调系统。处理的空气全部取自空调房间本身,没有室外新鲜空气补充到系统里,全部是室内的空气在系统中周而复始地循环。

因此,空调房间与空气处理设备由风管连成了一个封闭的循环环路,见图5-5(a)。这种系统冷热消耗量最省,但空调房间内的卫生条件差。封闭式空调系统多用于战争时期的地下庇护所或指挥部等战备工程,以及很少有人进出的仓库等。

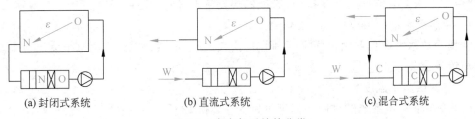

(a) 封闭式系统　　　　　　(b) 直流式系统　　　　　　(c) 混合式系统

图5-5　全空气系统的分类

N—表示室内空气；W—表示室外空气；C—表示混合空气；O—表示达到送风状态点的空气

2）直流式系统

直流式系统也称全新风式集中空调系统。处理的空气全部取自室外,即室外的空气经过处理达到送风状态点后送入各空调房间,送入的空气在空调房间内吸热吸湿后全部排出室外,见图5-5(b)。与封闭式系统相比,这种系统消耗的冷（热）量最大,但空调房间内的卫生条件完全能够满足要求,因此这种系统用于不允许采用室内回风的场合,如放射性实验室和散发大量有害物质的车间等。

3) 混合式系统

混合式系统也称有回风式集中空调系统。因为封闭式系统不能满足空调房间的卫生要求,而直流式系统耗能又大,所以封闭式系统和直流式系统只能在特定的情况下才能使用。混合式系统综合了封闭式系统和直流式系统的利弊,既能满足空调房间的卫生要求,又比较经济合理,故在工程实际中被广泛采用。图 5-5(c)是混合式系统的图式。

4. 根据空调系统用途或服务对象的不同分类

按空调系统的不同用途或服务对象,可分为舒适性空调系统和工艺性空调系统。

1) 舒适性空调系统

舒适性空调系统主要服务的对象为室内人员,使用的目的是为人的活动提供一个达到舒适要求的室内空气环境。办公楼、住宅、宾馆、商场、餐厅、体育场馆等公共场所的空调都属于这一类。

2) 工艺性空调系统

工艺性空调系统使用的目的是为研究、生产、医疗或检验等过程提供一个有特殊要求的室内环境。例如,电子车间、制药车间、食品车间、医院手术室以及计算机房、微生物试验室等使用的空调就属于这一类。这一类空调的设计主要以保证工艺要求,同时满足室内人员的舒适要求。

5.1.4 空调水系统

空调水系统是冷热源与末端用户的媒介,是传送热量和冷量的通道,也是中央空调系统的输配部分。空调水系统一般包含冷热水(也称冷冻水)、冷却水两部分。

1. 空调冷热水系统

携带冷量的水称为冷水;携带热量的水称为热水。冷热水在水泵作用下,经管道送至各空调机组、风机盘管、喷水室等空气处理设备处,实现对空气的冷却和加热处理。

冷热水又称为冷热媒,在系统中的作用是把空调冷热源(冷热水机组)产生的冷量或热量,携带并运送至各空气处理设备处,通过末端设备为房间供冷或采暖。

1) 冷热水系统的组成

空调冷热水系统主要由供回水管、阀门、仪表、分集水器、水泵、空调机组或风机盘管、膨胀水箱等组成。

2) 空调供回水温度

(1) 夏季:空调系统的供回水温度分别为 7℃和 12℃。

(2) 冬季:空调系统的供回水温度分别为 60℃和 50℃。

3) 空调冷热水系统的类型

(1) 按水压特性,可分为开式系统和闭式系统。

(2) 按末端设备的水流程,可分为同程式系统和异程式系统。

(3) 按冷热水管道的设置方式,可分为双管制系统、三管制系统和四管制系统。

(4) 按水量特性,可分为定流量系统和变流量系统。

（5）按水系统中的循环水泵设置情况，可分为一次泵水系统和二次泵水系统。

2. 空调冷却水系统

制冷机组正常运行时冷凝器不断产生热量，必须有介质将这些热量带走才能保证制冷的连续进行，带走这些热量的水称为冷却水。

1）冷却水系统的组成

空调冷却水系统由冷水机组的冷凝器、冷却塔、冷却水箱和冷却水循环泵等组成。

2）冷却水系统的分类

（1）按供水方式的不同可分为直流供水系统和循环冷却水系统。

（2）按通风方式的不同可分为自然通风冷却系统和机械通风冷却系统。

3）冷却塔的类型

（1）逆流式冷却塔。

（2）横流式冷却塔。

5.2　空调冷热源及辅助设备的安装

空调冷热源及辅助设备主要包括制冷（热）设备、附属设备、管道、阀门等；与机组配套的蒸汽、燃油、燃气供应系统等。

5.2.1　空调冷热源的安装

1. 制冷（热）机组及附属设备的安装

制冷（热）机组本体的安装、试验、试运转及验收，应符合现行国家标准《制冷设备、空气分离设备安装工程施工及验收规范》（GB 50274—2010）的有关规定。

1）制冷（热）机组及附属设备的安装要求

（1）制冷（热）设备、制冷附属设备产品性能和技术参数应符合设计要求，并应具有产品合格证书、产品性能检验报告。

（2）设备的混凝土基础应进行质量交接验收，且应验收合格。

（3）设备安装的位置、标高和管口方向应符合设计要求。采用地脚螺栓固定的制冷设备或附属设备，垫铁的放置位置应正确，接触应紧密，每组垫铁不应超过 3 块；螺栓应紧固，并应采取防松动措施。

（4）以氨为制冷剂的氨制冷机应采用密封性能良好、安全性好的整体式冷水机组。除磷青铜材料外，氨制冷机的管道、附件、阀门及填料不得采用铜或铜合金材料，管内不得镀锌。氨系统管道的焊缝应进行射线照相检验。

2）制冷（热）机组及附属设备的安装应符合下列规定

（1）设备与附属设备安装，平面位置允许偏差为 10mm；标高允许偏差为 ±10mm。

（2）整体组合式制冷机组机身纵向、横向水平度的允许偏差应为 1‰。当采用垫铁调整机组水平度时，应接触紧密并相对固定。

（3）附属设备的安装应符合设备技术文件的要求，水平度或垂直度允许偏差应为 1‰。

（4）制冷设备或制冷附属设备基（机）座下减振器的安装位置应与设备重心相匹配，各个减振器的压缩量应均匀一致，且偏差不应大于 2mm。

（5）采用弹性减振器的制冷机组，应设置防止机组运行时水平位移的定位装置。

（6）冷热源与辅助设备的安装位置应满足设备操作及维修的空间要求，四周应有排水设施。

2. 空气源热泵的安装

1）空气源热泵机组的安装要求

（1）空气源热泵机组产品的性能、技术参数等应符合设计要求，并应具有出厂合格证、产品性能检验报告。

（2）机组应采取可靠的接地和防雷措施，与基础间的减振应符合设计要求。

（3）机组的进水侧应安装水力开关，并应与制冷机的启动开关连锁。

2）空气源热泵机组的安装应符合的规定

（1）机组安装的位置应符合设计要求。同规格设备成排就位时，目测排列应整齐，允许偏差不应大于 10mm。水力开关的前端宜有 4 倍管径及以上的直管段。

（2）机组四周应按设备技术文件要求，留有设备维修空间。设备进风通道的宽度不应小于 1.2 倍的进风口高度；当两个及以上机组进风口共用一个通道时，间距宽度不应小于 2 倍的进风口高度。

（3）当机组设有结构围挡和隔音屏障时，不得影响机组正常运行的通风要求。

3. 吸收式制冷机组的安装

1）吸收式制冷机组的安装要求

（1）吸收式制冷机组产品的性能、技术参数等应符合设计要求。

（2）吸收式制冷机组安装后，设备内部应冲洗干净。

（3）机组的真空试验应合格。

（4）直燃型吸收式制冷机组排烟管的出口应设置防雨帽、防风罩和避雷针，燃油油箱上不得采用玻璃管式油位计。

2）吸收式制冷机组的安装应符合的规定

（1）吸收式分体机组运至施工现场后，应及时运入机房进行组装，并应清洗、抽真空。

（2）机组的真空泵到达指定安装位置后，应进行找正、找平。抽气连接管应采用直径与真空泵进口直径相同的金属管，当采用橡胶管时，应采用真空用的橡胶管，并应对管接头处采取密封措施。

（3）机组的屏蔽泵到达指定安装位置后，应进行找正、找平，电线接头处应采取防水密封措施。

（4）机组的水平度允许偏差应为 2‰。

4. 多联机空调系统的安装

1）多联机空调系统的安装要求

（1）多联机空调系统室内机、室外机产品的性能、技术参数等应符合设计要求，并应具有出厂合格证、产品性能检验报告。

（2）室内机、室外机的安装位置、高度应符合设计及产品技术的要求，固定应可靠。室外机的通风条件应良好。

（3）制冷剂应根据工程管路系统的实际情况，通过计算后进行充注。

（4）安装在户外的室外机组应可靠接地，并应采取防雷保护措施。

2）多联机空调系统的安装应符合下列规定

（1）室外机的通风应通畅，不应有短路现象，运行时不应有异常噪声。当多台机组集中安装时，不应影响相邻机组的正常运行。

（2）室外机组应安装在设计专用平台上，并应采取减振与防止紧固螺栓松动的措施。

（3）风管式室内机的送风口、回风口之间，不应形成气流短路。风口安装应平整，且应与装饰线条相一致。

（4）室内外机组间冷媒管道的布置应采用合理的短捷路线，并应排列整齐。

5.2.2　制冷剂管道系统的安装

1. 制冷剂管道系统的安装工艺流程

施工准备→管道安装→系统吹污→系统气密性试验→系统抽真空→系统充注制冷剂。

1）施工准备

检查管道管件和阀门的型号、材质及工作压力等必须符合设计要求，并有合格证、质量证明书。

2）管道安装

制冷剂管道、管件的内外壁应清洁干燥；管道上、下平行敷设时，吸气管应在下方；管道穿越墙体或楼板时，应加装套管。制冷剂阀门安装前应进行强度和严密性试验；阀体应清洁干燥、不得有锈蚀，安装位置、方向和高度应符合设计要求。

3）系统吹污

系统的吹扫排污应采用压力为 0.5～0.6MPa（表压）的干燥压缩空气或氮气，应以白色（布）标识靶检查 5min，目测无污物为合格。系统吹扫干净后，系统中阀门的阀芯拆下清洗应干净。

4）系统气密性试验

制冷剂管道的气密性试验应符合分段检验、整体保压、分级加压原则。气密性试验应采用干燥氮气加压，严禁采用氧气、可燃性气体和有毒气体。管道过长时，应分段进行。

5）系统抽真空

气密性试验合格后，采用真空泵将系统抽至剩余压力小于 40mm 汞柱，保持 24h，系统升压不应超过 5mm 汞柱。

6）系统充注制冷剂

系统充注制冷剂时，用连接管与注液阀接通，利用系统内的真空度，使制冷剂注入系统。

2. 制冷剂管道系统的安装要求

1）制冷剂管道、管件的安装要求

（1）管道、管件的内外壁应清洁干燥，连接制冷机的吸气管、排气管道应设独立支架；管径小于或等于 40mm 的铜管道，在与阀门连接处应设置支架。水平管道支架的间距不应大于 1.5m，垂直管道不应大于 2.0m；管道上、下平行敷设时，吸气管应在下方。

（2）制冷剂管道弯管的弯曲半径不应小于 3.5 倍管道直径，最大外径与最小外径之差不应大于 8% 的管道直径,且不应使用焊接弯管及皱褶弯管。

(3) 制冷剂管道的分支管,应按介质流向弯成 90°与主管连接,不宜使用弯曲半径小于 1.5 倍管道直径的压制弯管。

(4) 铜管切口应平整,不得有毛刺、凹凸等缺陷,切口允许倾斜偏差应为管径的 1%;管扩口应保持同心,不得有开裂或皱褶,并应有良好的密封面。

(5) 铜管采用承插钎焊焊接连接时,承口应迎着介质流动方向。

(6) 管道穿越墙体或楼板时,应加装套管。

2) 制冷剂系统阀门的安装要求

(1) 制冷剂阀门安装前应进行强度和严密性试验。强度试验压力应为阀门公称压力的 1.5 倍,时间不少于 5min;严密性试验压力应为阀门公称压力的 1.1 倍,持续时间 30s 不漏为合格。

(2) 阀体应清洁干燥、不得有锈蚀,安装位置、方向和高度应符合设计要求。

(3) 水平管道上阀门的手柄不应向下,垂直管道上阀门的手柄应便于操作。

(4) 自控阀门安装的位置应符合设计要求。电磁阀、调节阀、热力膨胀阀、升降式止回阀等的阀头均应向上;热力膨胀阀的安装位置应高于感温包,感温包应装在蒸发器出口处的回气管上,与管道应接触良好、绑扎紧密。

(5) 安全阀应垂直安装在便于检修的位置,排气管的出口应朝向安全地带,排液管应装在泄水管上。

3) 蒸汽压缩式制冷系统管道、管件和阀门的安装要求

(1) 制冷系统的管道、管件和阀门的类别、材质、管径、壁厚及工作压力等应符合设计要求,并应具有产品合格证书、产品性能检验报告。

(2) 法兰、螺纹等处的密封材料应与管内的介质性质相适应。

(3) 制冷循环系统的液管不得向上装成 Ω 形;除特殊回油管外,气管不得向下装成 U 形;液体支管引出时,必须从干管底部或侧面接出;气体支管引出时,应从干管顶部或侧面接出;有两根以上的支管从干管引出时,连接部位应错开,间距不应小于 2 倍支管直径,且不应小于 200mm。

(4) 管道与机组连接应在管道吹扫、清洁合格后进行。与机组连接的管路上应按设计要求及产品技术文件的要求安装过滤器、阀门、部件、仪表等,位置应正确、排列应规整;管道应设独立的支吊架;压力表距阀门位置不宜小于 200mm。

(5) 制冷设备与附属设备之间制冷剂管道的连接,制冷剂管道坡度、坡向应符合设计及设备技术文件的要求。当设计无要求时,应符合表 5-1 的规定。

表 5-1　制冷剂管道坡度、坡向

管 道 名 称	坡向的设备	坡 度
压缩机吸气水平管(氟)	压缩机	≥10‰
压缩机吸气水平管(氨)	蒸发器	≥3‰
压缩机排气水平管	油分离器	≥10‰
冷凝器水平供液管	贮液器	1‰～3‰
油分离器至冷凝器水平管	油分离器	3‰～5‰

（6）制冷系统投入运行前，应对安全阀进行调试校核，开启和回座压力应符合设备技术文件要求。

（7）系统多余的制冷剂不得向大气直接排放，应采用回收装置进行回收。

3. 制冷剂管道系统的试验

制冷剂管道系统应按设计要求或产品要求进行强度、气密性及真空试验，且应试验合格。

5.2.3　燃油、燃气管道系统的安装

与制冷（热）机组配套的蒸汽、燃油、燃气供应系统，应符合设计文件和产品技术文件的要求，并应符合国家现行标准的有关规定。

1. 燃油管道系统

（1）燃油管道系统必须设置可靠的防静电接地装置。

（2）燃油管道系统油泵和蓄冷系统载冷剂泵安装时，纵向、横向水平度允许偏差应为1‰，联轴器两轴芯轴向倾斜允许偏差应为 0.2‰，径向允许位移不应大于 0.05mm。

2. 燃气管道系统

燃气管道的安装必须符合下列规定。

（1）燃气管道系统与机组的连接不得使用非金属软管。

（2）当燃气供气管道压力大于 5kPa 时，焊缝无损检测应按设计要求执行；当设计无规定时，应对全部焊缝进行无损检测并合格。

（3）燃气管道吹扫和压力试验的介质应采用空气或氮气，严禁采用水。

5.3　空调系统末端设备的安装

空调系统末端设备主要有集中式空调系统的组合式空调机组，半集中式空调系统的风机盘管、吊顶机组、新风机组、诱导器等，多联机空调系统的室内机、新风机，分散式空调器等。

5.3.1　组合式空调机组的安装

1. 组合式空调机组的构成

组合式空调机组由不同的功能段组成，通常包括以下空气处理段。

（1）混合段：新风与回风进行混合的功能段。

（2）中间段：用来连接空气处理部件及提供测试、检修空间。

（3）过滤段：对空气进行过滤。

（4）表冷或加热段：对空气进行加热、降温、加湿等处理。

（5）风机段：通过风机加压，将处理好的空气送入室内。

组合式空调机组功能段组成及工作原理示意图见图 5-6。

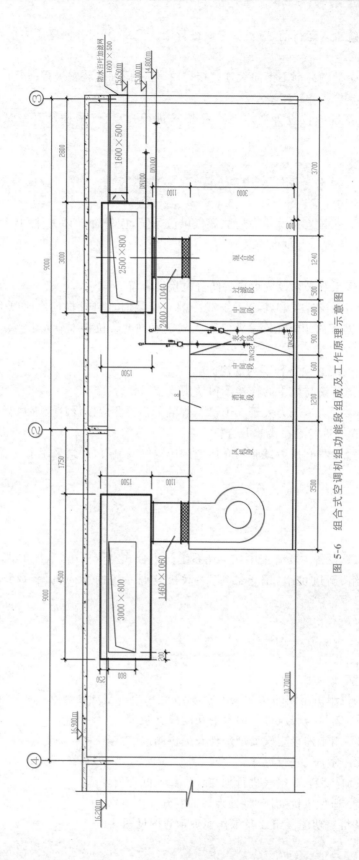

图 5-6　组合式空调机组功能段组成工作原理示意图

2. 组合式空调机组的安装

1) 组合式空调机组的安装要求

(1) 组合式空调机组各功能段均按设计参数及选用设备组装成段,段与段之间采用现场组装的方式。

(2) 机组组装前应进行检查,确保各段部件完好,风阀启闭灵活,风机叶轮转动无异常杂声,风阀叶片平直等。

(3) 各功能段之间采用法兰连接,接缝处需用厚度 7mm 的乳胶海绵板做垫料。

(4) 组装完毕后,按要求连接相应冷热媒管、冷凝水排出管等,应确保所有管道连接严密无渗漏,保证畅通。

2) 组合式空调机组的安装应符合下列规定

(1) 组合式空调机组各功能段的组装应符合设计的顺序和要求,各功能段之间的连接应严密,整体外观应平整。

(2) 供回水管与机组的连接应正确,机组下部冷凝水管的水封高度应符合设计或设备技术文件的要求。

(3) 机组与风管采用柔性短管连接时,柔性短管的绝热性能应符合风管系统的要求。

(4) 机组应清扫干净,箱体内不应有杂物、垃圾和积尘。

(5) 机组内空气过滤器(网)和空气热交换器翅片应清洁、完好,安装位置应便于维护和清理。

5.3.2　吊顶机组、新风机组的安装

吊顶机组、新风机组都安装在吊顶内,通常靠近外墙,连接室外进风,经处理后送入室内。

1. 安装前准备

安装前检查机组外部有无伤损;拨动风机叶轮,细听有无擦碰等异常杂声,必要时可打开壳板调整风机转子,使其不碰机壳。经检查合格后才可进行机组安装。

2. 安装要求

(1) 机组安装必须平正稳当,不得承受外接风管和水管的重量。

(2) 机组与基础或地面之间宜采用减振橡胶板铺垫。

(3) 冷却水的进出水口和凝结水排出口在机组侧面,注意不得接错,进水与回水管道上必须安装阀门,用于调节流量或检修时切断水源。冷凝水排出管应接下水道,管路上不得安装阀门。

(4) 当机组还需连接风管时,送回风口与系统风管的连接处要安装柔性接头。

5.3.3　风机盘管、诱导器的安装

风机盘管、诱导器均为空调系统的末端装置。当通入冷热媒后,可用于空气的降温或加热,适用于小面积、多房间、多层的民用或工业建筑的空调工程中。

1. 风机盘管的类型

风机盘管机组主要由表面式热交换器(盘管冷热交换器)和风机组成,室内回风直接进入机组进行处理(冷却减湿或加热)。

(1)根据安装形式,有明装和暗装两种。

(2)根据所接水管的位置,有左式和右式两种。

明装风机盘管多为立式,暗装风机盘管都是卧式,其送回风口均可与装修一并考虑,还可以用短风管将送风口装在室内合适位置。

2. 诱导器的类型

诱导器多用于高速空调系统,作为其主要送风设备。工作原理是通过系统设计、适当布置,用多台诱导风机喷嘴射出的定向高速气流,诱导室外的新鲜空气或经过处理的空气进入,在无风管的条件下将其送到所要求的区域,实现最佳的室内气流组织,以达到高效经济的通风换气效果。

诱导器系统主要有两大类:全空气诱导器系统和空气-水诱导器系统。诱导器也有卧式和立式之分:立式可安装于窗台下的壁龛内;卧式可悬吊于靠近房间内墙的顶棚下。

3. 风机盘管、诱导器机组的安装要求

风机盘管、诱导器机组的安装应符合下列规定。

(1)机组安装前宜进行风机三速试运转及盘管水压试验。试验压力应为系统工作压力的 1.5 倍,试验观察时间应为 2min,不渗漏为合格。

(2)机组应设独立支架、吊架,固定应牢固,高度与坡度应正确。

(3)机组与风管、回风箱或风口的连接,应严密可靠。

(4)暗装机组需要设支架、吊架,以使机组安装稳固,并便于拆装检修。

(5)机组和冷媒管道连接,应在管道系统清洗干净后进行,安装时,进出水管的位置应准确,凝结水管的坡度应符合设计要求。当设计无要求时,管道坡度宜大于或等于 8‰,且应坡向出水口。

(6)机组的风管、回风室和风口的连接处应紧密。

5.4 空调水系统管道与设备的安装

空调水系统包括管道系统和附件,例如各类阀门、补偿器、除污器、自动排气装置等;空调水系统中的设备有冷却塔、水泵、水箱、分水器、集水器等。

5.4.1 空调水管道系统的安装

1. 空调水管道系统水压试验要求

管道系统安装完毕,外观检查合格后,应按设计要求进行水压试验。当设计无要求时,应符合下列规定。

(1)冷(热)水、冷却水与蓄能(冷、热)系统的试验压力,当工作压力小于或等于 1.0MPa 时,应为 1.5 倍工作压力,最低不应小于 0.6MPa;当工作压力大于 1.0MPa 时,应为工作压力加 0.5MPa。

（2）系统最低点压力升至试验压力后，应稳压 10min，压力下降不应大于 0.02MPa，然后应将系统压力降至工作压力，外观检查无渗漏为合格。对于大型、高层建筑等垂直位差较大的冷（热）水、冷却水管道系统，当采用分区、分层试压时，在该部位的试验压力下，应稳压 10min，压力不得下降，再将系统压力降至该部位的工作压力，在 60min 内压力不得下降、外观检查无渗漏为合格。

（3）各类耐压塑料管的强度试验压力（冷水）应为 1.5 倍工作压力，且不应小于 0.9MPa；严密性试验压力应为 1.15 倍的设计工作压力。

（4）凝结水系统采用通水试验，应以不渗漏、排水通畅为合格。

2. 空调水系统管道系统中的阀门安装

阀门的安装应符合下列规定。

（1）阀门安装前应进行外观检查，阀门的铭牌应符合国家标准。

（2）工作压力大于 1.0MPa 及在主干管上起到切断作用和系统冷（热）水运行转换调节功能的阀门和止回阀，应进行壳体强度和阀瓣密封性能的试验，且应试验合格。壳体强度试验压力应为常温条件下公称压力的 1.5 倍，持续时间不应少于 5min，阀门的壳体、填料应无渗漏。严密性试验压力应为公称压力的 1.1 倍，在试验持续的时间内应保持压力不变。

阀门的安装位置、高度、进出口方向应符合设计要求，连接应牢固紧密。

（3）安装在保温管道上的手动阀门的手柄不得朝下。

（4）动态与静态平衡阀的工作压力应符合系统设计要求，安装方向应正确。阀门在系统运行时，应按参数设计要求进行校核、调整。

（5）电动阀门的执行机构应能全程控制阀门的开启与关闭。

3. 补偿器的安装

1）补偿器的安装要求

（1）补偿器的补偿量和安装位置应符合设计文件的要求，并应根据设计计算的补偿量进行预拉伸或预压缩。

（2）波纹管膨胀节或补偿器内套有焊缝的一端，水平管路上应安装在水流的流入端，垂直管路上应安装在上端。

（3）填料式补偿器应与管道保持同心，不得歪斜。

（4）补偿器一端的管道应设置固定支架，结构形式和固定位置应符合设计要求，并应在补偿器的预拉伸（或预压缩）前固定。

（5）滑动导向支架设置的位置应符合设计与产品技术文件的要求，管道滑动轴心应与补偿器轴心相一致。

2）补偿器的安装应符合下列规定

（1）波纹补偿器、膨胀节应与管道保持同心，不得偏斜和周向扭转。

（2）填料式补偿器应按设计文件要求的安装长度及温度变化，留有 5mm 剩余的收缩量。两侧的导向支座应保证运行时补偿器自由伸缩，不得偏离中心，允许偏差应为管道公称直径的 5‰。

4. 除污器、自动排气装置的安装

除污器、自动排气装置等管道部件的安装应符合下列规定。

(1) 阀门安装的位置及进出口方向应正确且应便于操作。连接应牢固紧密,启闭应灵活。成排阀门的排列应整齐美观,在同一平面上的允许偏差不应大于 3mm。

(2) 电动、气动等自控阀门安装前应进行单体调试,启闭试验应合格。

(3) 冷(热)水和冷却水系统的水过滤器应安装在进入机组、水泵等设备前端的管道上,安装方向应正确,安装位置应便于滤网的拆装和清洗,与管道连接应牢固紧密。过滤器滤网的材质、规格应符合设计要求。

(4) 闭式管道系统应在系统最高点及所有可能积聚空气的管段高点设置排气阀,在管道最低点应设有排水管及排水阀。

5. 地源热泵系统热交换器(地埋管)的施工

1) 地源热泵系统热交换器的施工要求

(1) 垂直地埋管应符合下列规定。

① 钻孔的位置、孔径、间距、数量与深度不应小于设计要求,钻孔垂直度偏差不应大于 1.5%。

② 埋地管的材质、管径应符合设计要求。埋管的弯管应为定型的管接头,并应采用热熔或电熔连接方式与管道相连接。直管段应采用整管。

③ 下管应采用专用工具,埋管的深度应符合设计要求,且两管应分离,不得相贴合。

④ 回填材料及配比应符合设计要求,回填应采用注浆管,并应由孔底向上满填。

⑤ 水平环路集管埋设的深度距地面不应小于 1.5m,或埋设于冻土层以下 0.6m;供回环路集管的间距应大于 0.6m。

(2) 水平埋管热交换器的长度、回路数量和埋设深度应符合设计要求。

(3) 地表水系统热交换器的回路数量、组对长度与所在水面下深度应符合设计要求。

2) 地源热泵系统地埋管热交换系统的施工应符合下列规定

(1) 单 U 管钻孔孔径不应小于 110mm,双 U 管钻孔孔径不应小于 140mm。

(2) 埋管施工过程中的压力试验,工作压力小于或等于 1.0MPa 时,应为工作压力的 1.5 倍;工作压力大于 1.0MPa 时,应为工作压力加 0.5MPa,试验压力应全部合格。

(3) 埋地换热管应按设计要求分组汇集连接,并应安装阀门。

(4) 建筑基础底下地埋水平管的埋设深度,应小于或等于设计深度,并应延伸至水平环路集管连接处,且应进行标识。

3) 地表水地源热泵换热器的施工要求

地表水地源热泵换热器的长度、形式尺寸应符合设计要求,衬垫物的平面定位允许偏差应为 200mm,高度允许偏差应为 ±50mm。绑扎固定应牢固。

6. 空调水管道系统安装的其他要求

(1) 管道安装完成,在水压试验合格后,应对空调水系统管道进行冲洗、排污。判断合格的条件是目测排出口的水色和透明度与入口的水对比应接近,且无可见杂物。当系统继续运行 2h 以上,水质保持稳定后,才可与设备相连通。

(2) 系统管道与设备的连接应在设备安装完毕后进行。管道与水泵、制冷机组的接口应为柔性接管,且不得强行对口连接。与其连接的管道应设置独立支架。

（3）固定在建筑结构上的管道支架、吊架，不得影响结构体的安全。管道穿越墙体或楼板处应设钢制套管，管道接口不得置于套管内，钢制套管应与墙体饰面或楼板底部平齐，上部应高出楼层地面 20～50mm，且不得将套管作为管道支撑。当穿越防火分区时，应采用不燃材料进行防火封堵；保温管道与套管四周的缝隙应使用不燃绝热材料填塞紧密。

（4）金属管道的支架、吊架的形式、位置、间距、标高应符合设计要求。当设计无要求时，应符合下列规定。

① 支架、吊架的安装应平整牢固，与管道接触应紧密，管道与设备连接处应设置独立支架、吊架。当设备安装在减振基座上时，独立支架的固定点应为减振基座。

② 冷（热）媒水、冷却水系统管道机房总、干管的支架、吊架，应采用承重防晃管架，与设备连接的管道管架宜采取减振措施。当水平支管的管架采用单杆吊架时，应在系统管道的起始点、阀门、三通、弯头处及长度每隔 15m 处设置承重防晃支架、吊架。

③ 无热位移的管道吊架的吊杆应垂直安装，有热位移的管道吊架的吊杆应向热膨胀（或冷收缩）的反方向偏移安装。偏移量应按计算位移量确定。

④ 滑动支架的滑动面应清洁平整，安装位置应满足管道要求，支承面中心应向反方向偏移 1/2 位移量或符合设计文件要求。

⑤ 竖井内的立管应每两层或三层设置滑动支架。建筑结构负荷允许时，水平安装管道支架、吊架的最大间距应符合表 5-2 的规定，弯管或近处应设置支架、吊架。

表 5-2　水平安装管道支架、吊架的最大间距

公称直径/mm		15	20	25	32	40	50	70	80	100	125	150	200	250	300
支架的最大间距/m	L_1	15	2.0	2.5	2.5	3.0	3.5	4.0	5.0	5.0	5.5	6.5	7.5	8.5	9.5
	L_2	2.5	3.0	3.5	4.0	4.5	5.0	6.0	6.5	6.5	7.5	7.5	9.0	9.5	10.5

注：1. 适用于工作压力不大于 2.0MPa，不保温或保温材料密度不大于 200kg/m³ 的管道系统。

2. L_1 用于保温管道，L_2 用于不保温管道。

3. 洁净区（室内）管道支架、吊架应采用镀锌或采取其他的防腐措施。

4. 公称直径大于 300mm 的管道，可参考公称直径为 300mm 的管道执行。

（5）采用聚丙烯（PPR）管道时，管道与金属支架、吊架之间应采取隔绝措施，不宜直接接触，支架、吊架的间距应符合设计要求。当设计无要求时，聚丙烯（PPR）冷水管支架、吊架的间距应符合表 5-3 的规定，使用温度大于或等于 60℃热水管道应加宽支承面积。

表 5-3　聚丙烯（PPR）冷水管支架、吊架的间距　　　　单位：mm

公称外径 DN	20	25	32	40	50	63	75	90	110
水平安装	600	700	800	900	1000	1100	1200	1350	1550
垂直安装	900	1000	1100	1300	1600	1800	2000	2200	2400

5.4.2　空调水系统中设备的安装

1. 冷却塔的安装

冷却塔安装应符合下列规定。

（1）基础的位置、标高应符合设计要求，允许误差应为 ±20mm，进风侧距建筑物应大于

1m。冷却塔部件与基座的连接应采用镀锌或不锈钢螺栓,固定应牢固。

(2)冷却塔安装应水平,单台冷却塔的水平度和垂直度允许偏差应为2‰。多台冷却塔安装时,排列应整齐,各台开式冷却塔的水面高度应一致,高度偏差值不应大于30mm。当采用共用集管并联运行时,冷却塔集水盘(槽)之间的连通管应符合设计要求。

(3)冷却塔的集水盘应严密、无渗漏,进水口、出水口的方向和位置应正确。静止分水器的布水应均匀;转动布水器喷水出口方向应一致,转动应灵活、水量应符合设计或产品技术文件的要求。

(4)冷却塔风机叶片端部与塔身周边的径向间隙应均匀。可调整角度的叶片,角度应一致,并应符合产品技术文件要求。

(5)有水冻结危险的地区,冬季使用的冷却塔及管道应采取防冻与保温措施。

2. 水泵及附属设备的安装

水泵及附属设备的安装应符合下列规定。

(1)水泵的技术参数和产品性能应符合设计要求,管道与水泵的连接应采用柔性接管,且应为无应力状态,不得有强行扭曲、强制拉伸等现象。

(2)水泵的水面位置和标高允许偏差应为±10mm,安装的地脚螺栓应垂直,且与设备底座应紧密固定。

(3)垫铁组放置位置应正确、平稳,接触应紧密,每组不应大于3块。

(4)整体安装的泵的纵向水平偏差不应大于0.1‰,横向水平偏差不应大于0.2‰。组合安装的泵的纵向、横向安装水平偏差不应大于0.05‰。水泵与电动机采用联轴器连接时,联轴器两轴芯的轴向倾斜不应大于0.2‰,径向位移不应大于0.05mm。整体安装的小型管道水泵目测应水平,不应有偏斜。

(5)减振器与水泵及水泵基础的连接,应牢固平稳、接触紧密。

3. 水箱、集水器、分水器、膨胀水箱的安装

(1)水箱、集水器、分水器、膨胀水箱等设备安装时,支架或底座的尺寸、位置应符合设计要求。

(2)设备与支架或底座接触应紧密,安装应平整牢固。

(3)设备平面位置允许偏差应为15mm,标高允许偏差应为±5mm,垂直度允许偏差应为1‰。

(4)水箱、集水器、分水器与储水罐的水压试验或满水试验应符合设计要求,内外壁防腐涂层的材质、涂抹质量、厚度应符合设计或产品技术文件的要求。

5.5 空调系统的调试与验收

5.5.1 空调工程的分部工程与分项工程

空调工程的分部工程与分项工程划分见表5-4。

表 5-4　空调工程的分部工程与分项工程

序号	分部工程	分项工程
1	舒适性空调风系统	风管与配件制作,部件制作,风管系统安装,风机与组合式空调机组安装,消声器、静电除尘器、换热器、紫外线灭菌器等设备安装,风机盘管、变风量与定风量送风装置、射流喷口等末端设备安装,风管与设备绝热,系统调试
2	恒温恒湿空调风系统	风管与配件制作,部件制作,风管系统安装,风机与组合式空调机组安装,电加热器、加湿器等设备安装,精密空调机组安装,风管与设备绝热,系统调试
3	净化空调风系统	风管与配件制作,部件制作,风管系统安装,风机与净化空调机组安装,消声器、换热器等设备安装,中、高效过滤器及风机过滤器机组等末端设备安装,风管与设备绝热,洁净度测试,系统调试
4	空调(冷、热)水系统	管道系统及部件安装,水泵及附属设备安装,管道冲洗与管内防腐,板式热交换器、辐射板及辐射供热、供冷地埋管安装,热泵机组安装,管道、设备防腐与绝热,系统压力试验及调试
5	冷却水系统	管道系统及部件安装,水泵及附属设备安装,管道冲洗与管内防腐,冷却塔与水处理设备安装,防冻伴热设备安装,管道、设备防腐与绝热,系统压力试验及调试
6	冷凝水系统	管道系统及部件安装,水泵及附属设备安装,管道、设备防腐与绝热,管道冲洗,系统灌水渗漏及排放试验
7	土层源热泵换热系统	管道系统及部件安装,水泵及附属设备安装,管道冲洗,埋地换热系统与管网安装,管道、设备防腐与绝热,系统压力试验及调试
8	水源热泵换热系统	管道系统及部件安装,水泵及附属设备安装,管道冲洗,地表水源换热管及管网安装,除垢设备安装,管道、设备防腐与绝热,系统压力试验及调试
9	蓄能(水、冰)系统	管道系统及部件安装,水泵及附属设备安装,管道冲洗与管内防腐,蓄水罐与蓄冰槽、罐安装,管道、设备防腐与绝热,系统压力试验及调试
10	压缩式制冷(热)设备系统	制冷机组及附属设备安装,制冷剂管道及部件安装,制冷剂灌注,管道、设备防腐与绝热,系统压力试验及调试
11	吸收式制冷设备系统	制冷机组及附属设备安装,系统真空试验,溴化锂溶液加灌,蒸汽管道系统安装,燃气或燃油设备安装,管道、设备防腐与绝热,系统压力试验及调试
12	多联机(热泵)空调系统	室外机组安装,室内机组安装,制冷剂管路连接及控制开关安装,风管安装,冷凝水管道安装,制冷剂灌注,系统压力试验及调试
13	太阳能供暖空调系统	太阳能集热器安装,其他辅助能源、换热设备安装,蓄能水箱、管道及配件安装,低温热水地板辐射采暖系统安装,管道及设备防腐与绝热,系统压力试验及调试
14	设备自控系统	温度、压力与流量传感器安装,执行机构安装调试,防排烟系统功能调试,自动控制及系统智能控制软件调试

注:1. 风管系统末端设备包括风机盘管机组、诱导器、变(定)风量末端、排烟风阀(口)与地板送风单元、中效过滤器、高效过滤器、风机过滤器机组,其他设备包括消声器、静电除尘器、加热器、加湿器、紫外线灭菌设备和排风热回收器等。

2. 水系统末端设备包括辐射板盘管、风机盘管机组和空调箱内盘管和板式热交换器等。

3. 设备自控系统包括各类温度、压力与流量等传感器、执行机构、自控与智能系统设备及软件等。

5.5.2　空调工程的调试

1. 空调工程系统调试的内容

空调工程安装完毕后,应进行系统调试。系统调试应包括下列内容。

1) 设备的单机试运转及调试

(1) 空气处理机组中的风机、冷却塔风机。

叶轮旋转方向正确、运转平稳、无异常振动与声响,电机运行功率符合设备技术文件要求。在额定转速下连续运转 2h 后,滑动轴承外壳最高温度不得大于 70℃,滚动轴承不得大于 80℃。

(2) 空调冷冻水或冷却水系统的水泵。

水泵叶轮旋转方向应正确,应无异常振动与声响,紧固连接部位应无松动,电机运行功率应符合设备技术文件要求。水泵连续运转 2h 滑动轴承外壳最高温度不得超过 70℃,滚动轴承不得超过 75℃。普通填料密封的泄漏水量不应大于 60mL/h,机械密封的泄漏水量不应大于 5mL/h。

(3) 冷却塔风机与冷却水系统。

冷却塔风机与冷却水系统循环试运行不小于 2h,运行无异常。冷却塔本体稳固、无异常振动。运行产生的噪声不应大于设计及设备技术文件的规定值,水流量应符合设计要求。冷却塔的自动补水阀应动作灵活。

(4) 制冷机组。

机组运转平稳,无异常振动与声响;各连接和密封部位不应有松动、漏气、漏油等现象;吸气、排气的压力和温度应在正常工作范围内;能量调节装置及各保护继电器、安全装置的动作应正确、灵敏、可靠;正常运转不应少于 8h。

(5) 多联式空调(热泵)机组系统。

多联式空调(热泵)机组系统应在充灌定量制冷剂后,进行系统的试运转,并应符合下列规定。

① 系统应能正常输出冷风或热风,在常温条件下可进行冷热的切换与调控。

② 室外机的试运转按照制冷机组的规定。

③ 室内机的试运转没有异常振动与声响,百叶板动作正常,没有渗漏水现象,运行噪声符合设备技术文件要求。

④ 具有可同时供冷、供热的系统,应在满足当季工况运行条件下,实现局部内机反向工况的运行。

(6) 风机盘管机组。

风机盘管机组的调速、温控阀的动作应正确,并应与机组运行状态一一对应,中档风量的实测值应符合设计要求。运行时,产生的噪声不应大于设计及设备技术文件的要求。

2) 空调系统非设计满负荷条件下的联合试运转及调试

空调制冷系统、空调风系统与空调水系统的非设计满负荷条件下的联合试运转及调试,正常运转不应少于 8h。

(1) 空调风系统。

系统总风量调试结果与设计风量的允许偏差应为 -5%～+10%,建筑内各区域的压差应符合设计要求。舒适空调与恒温、恒湿空调室内的空气温度、相对湿度及波动范围应符合或优于设计要求。

变风量空调系统联合调试应符合下列规定。

① 系统空气处理机组应在设计参数范围内对风机实现变频调速。

② 空气处理机组在设计机外余压条件下，系统总风量允许偏差应为−5％～＋10％，新风量的允许偏差应为0～＋10％。

③ 变风量末端装置的最大风量调试结果与设计风量的允许偏差应为0～＋15％。

④ 改变各空调区域运行工况或室内温度设定参数时，该区域变风量末端装置的风阀（风机）动作（运行）应正确。

⑤ 改变室内温度设定参数或关闭部分房间空调末端装置时，空气处理机组应自动正确地改变风量。

⑥ 应正确显示系统的状态参数。

净化空调系统，提出更高的要求。

① 单向流洁净室系统的系统总风量允许偏差应为0～＋10％，室内各风口风量的允许偏差应为0～＋15％。

② 单向流洁净室系统的室内截面平均风速的允许偏差应为0～＋10％，且截面风速不均匀度不应大于0.25。

③ 相邻不同级别洁净室之间和洁净室与非洁净室之间的静压差不应小于5Pa，洁净室与室外的静压差不应小于10Pa。

④ 室内空气洁净度等级应符合设计要求或为商定验收状态下的等级要求。

⑤ 各类通风、化学实验柜、生物安全柜在符合或优于设计要求的负压下运行应正常。

（2）空调水系统。

① 空调冷（热）水系统、冷却水系统的总流量与设计流量的偏差不应大于10％。

② 应排除水系统管道系统中的空气，系统连续运行应正常平稳，水泵的流量、压差和水泵电机的电流不应出现10％以上的波动。

③ 水系统平衡调整后，定流量系统的各空气处理机组的水流量应符合设计要求，允许偏差应为15％；变流量系统的各空气处理机组的水流量应符合设计要求，允许偏差应为10％。

④ 冷水机组的供回水温度和冷却塔的出水温度应符合设计要求；多台制冷机或冷却塔并联运行时，各台制冷机及冷却塔的水流量与设计流量的偏差不应大于10％。

⑤ 制冷（热泵）机组进出口处的水温、地源（水源）热泵换热器的水温与流量应符合设计要求。

（3）设备自控系统。

通风与空调工程通过系统调试后，监控设备与系统中的检测元件和执行机构应正常沟通，应正确显示系统运行的状态，并应完成设备的连锁、自动调节和保护等功能。

2. 空调系统运行参数的测定

空调风系统的风量和风速测定方法与通风系统相同，以下主要介绍其他参数的测定。

1）空调水流量及水温测定

（1）空调水流量测定。

① 水流量测量断面应设置在距上游局部阻力构件10倍管径、距下游局部阻力构件

5 倍管径的长度的管段上。

② 当采用转子或涡轮等整体流量计进行流量的测量时,应根据仪表的操作规程,调整测试仪表到测量状态,待测试状态稳定后,开始测量,测量时间宜取 10min。

③ 采用超声波流量计进行流量测量时,应按管道口径及仪器说明书规定选择传感器安装方式。测量时,应清除传感器安装处的管道表面污垢,并应在稳态条件下读取数值。

④ 水流量检测值应取各次测量值的算术平均值。

(2) 空调水温检测。

① 水温测点应布置在靠近被测机组(设备)的进出口处。当被检测系统有预留安放温度计位置时,宜利用预留位置进行测试。

② 水温检测时,膨胀式、压力式等温度计的感温泡,应完全置于水流中;当采用铂电阻等传感元件检测时,应对显示温度进行校正。

③ 水温检测值应取各次测量值的算术平均值。

2) 空调室内温度、湿度测定

(1) 温度、湿度的测点分布要求。

① 室内面积不足 16m^2,对应室内中央 1 点;16～30m^2 应测 2 点(房间对角线三等分点);30～60m^2 应测 3 点(房间对角线四等分点);60～100m^2 应测 5 点(二对角线四分点,梅花设点);100m^2 及以上,每增加 50m^2 应增加 1 个测点(均匀布置)。

② 测点应布置在距外墙表面或冷热源大于 0.5m,离地面 0.8～1.8m 的同一高度上。

③ 测点也可根据工作区的使用要求,分别布置在离地不同高度的数个平面上。

④ 在恒温工作区,测点应布置在具有代表性的地点。

(2) 舒适性空调系统室内环境温度、湿度的检测应测量一次。

(3) 恒温恒湿空调系统室内温度、湿度的测试,应按洁净室(区)温度、湿度测定方法进行。

3. 空调系统的验收

在完成系统非设计满负荷条件下的联合试运转及调试,项目内容及质量要求负荷质量要求之后,空调工程即可组织验收。空调工程的竣工验收应由建设单位组织,施工、设计、监理等单位参加,验收合格后应办理竣工验收手续。

系统在建设单位、施工单位、设计单位、监理单位的共同参与下,对工程进行全面的外观检查、审查竣工交付文件后,在施工单位经自检提交的分项、分部工程质量检验评定表的基础上,对工程的质量进行最终的评定,如评定结果质量等级达到合格及以上标准后,即可办理验收手续,进行通风工程的竣工验收。

1) 空调工程竣工验收资料

(1) 图纸会审记录、设计变更通知书和竣工图。

(2) 主要材料、设备、成品、半成品和仪表的出厂合格证明及进场检(试)验报告。

(3) 隐蔽工程验收记录。

(4) 工程设备、风管系统、管道系统安装及检验记录。

(5) 管道系统压力试验记录。

(6) 设备单机试运转记录。

(7) 系统非设计满负荷联合试运转与调试记录。

(8) 分部(子分部)工程质量验收记录。

（9）观感质量综合检查记录。

（10）安全和功能检验资料的核查记录。

（11）净化空调的洁净度测试记录。

（12）新技术应用论证资料设备单机试运转记录。

2）空调工程的外观检查

通风空调工程的全面外观检查是工程验收时的重要检验内容之一，称为观感质量。空调工程的观感质量应符合下列规定。

（1）风管表面应平整、无破损，接管应合理。风管的连接以及风管与设备或调节装置的连接处不应有接管不到位、强扭连接等缺陷。

（2）各类阀门安装位置应正确牢固，调节应灵活，操作应方便。

（3）风口表面应平整，颜色应一致，安装位置应正确，风口的可调节构件动作应正常。

（4）制冷及水管道系统的管道、阀门及仪表安装位置应正确，系统不应有渗漏。

（5）风管、部件及管道的支架、吊架形式、位置及间距应符合设计及《通风与空调工程施工质量验收规范》（GB 50243—2016）的要求。

（6）制冷机、水泵、通风机、风机盘管机组等设备的安装应正确牢固；组合式空气调节机组组装顺序应正确，接缝应严密；外表面不应有渗漏。

（7）风管、部件、管道及支架的油漆应均匀，不应有透底返锈现象，油漆颜色与标志应符合设计要求。

（8）绝热层材质、厚度应符合设计要求，表面应平整，不应有破损和脱落现象；室外防潮层或保护壳应平整、无损坏，且应顺水流方向搭接，不应有渗漏。

（9）消声器安装方向应正确，外表面应平整、无损坏。

（10）风管、管道的软性接管位置应符合设计要求，接管应正确牢固，不应有强扭。

（11）测试孔开孔位置应正确，不应有遗漏。

（12）多联空调机组系统的室内机、室外机组安装位置应正确，送回风不应存在短路回流。

3）净化空调工程的外观检查

对于净化空调工程，在观感质量方面还提出了更高的要求。

（1）空调机组、风机、净化空调机组、风机过滤器单元和空气吹淋室等安装位置应正确，固定应牢固，连接应严密，允许偏差应符合《通风与空调工程施工质量验收规范》（GB 50243—2016）的规定。

（2）高效过滤器与风管、风管与设备的连接处应有可靠密封。

（3）净化空调机组、静压箱、风管及送回风口清洁不应有积尘。

（4）装配式洁净室的内墙面、吊顶和地面应光滑平整，色泽应均匀，不应起灰尘。

（5）送回风口、各类末端装置以及各类管道等洁净室内表面的连接处密封处理应可靠严密。

4）空调工程的质量验收与评定

空调工程的质量验收与评定，应按照《通风与空调工程施工质量验收规范》（GB 50243—2016）的规定执行。

思 考 题

1. 中央空调系统的三大组成部分是什么?
2. 什么是热泵? 热泵机组有哪些类型?
3. 根据空气处理设备的集中程度,室内空调系统有哪些类型? 分别适用于哪些场所?
4. 空调水系统有哪些?
5. 多联机空调系统的安装要求是什么?
6. 制冷剂管道系统的安装工艺流程是什么?
7. 组合式空调机组通常有哪些功能段? 其安装要求是什么?
8. 空调工程的分项(子分项)工程有哪些?
9. 空调工程的竣工验收资料有哪些?

[学习心得]

第6章 管道设备的防腐与绝热

章节概述

本章主要介绍掌握管道及设备的除污方法,常用涂料和涂覆方法,各种保温材料、保温结构,管件和设备的保温方法等。

学习目标

了解常用涂覆材料和保温材料,掌握管道及设备安装中防腐、绝热的施工方法和要求。

6.1 管道设备的防腐

安装工程中的管道、容器、设备等常因其腐蚀损坏而引起漏水、漏气、漏油等泄漏,既影响生产又浪费能源。为了防止和减少金属的腐蚀,延长管道和系统的使用寿命,应根据不同情况采取相应防腐措施。防腐的方法很多,如金属镀层、金属钝化、电化学保护、衬里及涂料工艺等。

在管道设备的防腐方法中,采用最多的是涂料工艺。对于明装的管道设备,一般采用油漆涂料,对于设置在地下的管道,则多采用沥青涂料。

6.1.1 管道设备除锈

为了提高防腐层的附着力和防腐效果,在涂刷油漆前,应清除钢管和设备表面的锈层、油污和其他杂质。

1. 钢材表面的除锈等级

钢材表面的除锈质量分为 4 个等级。

1)一级除锈

一级除锈是指彻底除净金属表面上的油脂、氧化皮、锈蚀产物等杂物,并用吸尘器、干燥洁净的压缩空气或刷子清除粉尘。要求表面无任何可见残留物。

2)二级除锈

二级除锈是指完全除去金属表面上的油脂、氧化皮、锈蚀产物等杂物,并用工具清除粉尘。要求表面残留变色面积在任何 100mm×100mm 的面积上不得超过 5%。

3)三级除锈

三级除锈是指完全除去金属表面上的油脂、疏松氧化皮、浮锈等杂物,并用工具清除粉尘。要求表面残留面积在任何 100mm×100mm 的面积上不得超过 1/3。

4）四级除锈

四级除锈是指除去金属表面上的油脂、铁锈、氧化皮等杂物,允许有紧附的氧化皮、锈蚀产物或旧漆存在。

建筑设备安装工程中的管道设备,一般要求表面除锈质量达到三级。

2. 常用除锈方法

1）人工除锈

人工除锈常用工具有钢丝刷、砂布、刮刀、手锤等。人工除锈可以满足三、四级除锈的要求。

2）喷砂除锈

喷砂除锈是用压缩空气,将粒度为 1.0～2.0mm 的砂子喷射到有锈污的金属表面,靠砂粒打击去除锈蚀、氧化皮等。喷砂除锈可同时满足一、二、三级除锈要求。

3）机械除锈

机械除锈是用电动机驱动的旋转式或冲击式除锈设备进行除锈。机械除锈通常用于三级除锈,但不适用于形状复杂的工件。

4）化学除锈

化学除锈又称酸洗,是用酸性溶液与管道设备表面的金属氧化物进行化学反应,使其溶解的除锈方法。化学除锈可满足一、二级除锈要求。

6.1.2 管道设备涂漆

油漆防腐的原理是靠漆膜将空气、水分、腐蚀介质等隔离,以保护金属表面不受腐蚀。常用于地上明装管道和设备的防腐。

1. 涂漆方法

1）手工涂刷

手工涂刷操作简单,适应性强,可用于各种漆料的施工,但效率低,涂刷质量取决于操作者经验。

2）空气喷涂

空气喷涂所用工具是喷枪。原理是压缩空气通过喷嘴时产生高速气流,将贮漆罐内的漆液引射混合成雾状,喷涂于物体表面。

3）静电喷涂

静电喷涂是指通过喷枪喷出的油漆雾粒通过静电发生器,带电涂料微粒在静电力作用下被吸引贴附在构件上。这种方法相比空气喷涂可节约涂料 40%～60%。

4）高压喷涂

高压喷涂是将加压的涂料由高压喷枪喷出,迅速膨胀并雾化成极细漆粒喷涂到构件上。

2. 涂漆施工工序

涂漆通常有 3 个步骤。

1）涂底漆或防锈漆

将底漆或防锈漆直接涂在管道或设备表面上,增加涂层与物面的附着力,防止锈蚀。一般涂 1～2 遍,每层不能太厚。

2）涂面漆

面漆一般是调和漆或磁漆，涂在底漆之上。无保温管道涂刷一遍调和漆，有保温的管道涂刷两遍调和漆。

3）罩光漆

罩光漆层一般由一定比例的清漆和磁漆混合后涂刷一遍。

3. 涂漆施工要求

涂漆施工宜在 15～30℃，相对湿度不大于 70%，无灰尘、无烟雾污染的环境下进行，并有一定的防冻、防雨措施。

6.1.3 埋地管道的防腐

埋地管道腐蚀是由土层的酸碱性、潮湿、空气渗透或地下杂散电流的作用等因素引起，主要是电化学作用。埋地管道防腐的方法主要是涂刷沥青涂料。

1. 沥青防腐层结构分类

1）普通防腐层

金属表面外，依次为冷底子油、沥青涂层、外包保护层。防腐层厚度不应小于 3mm。

2）加强防腐层

金属表面外，依次为冷底子油、沥青涂层、加强包扎层、封闭层、沥青涂层、外保护层。防腐层厚度不小于 6mm。

3）特加强防腐层

金属表面外，依次为冷底子油、沥青涂层、加强包扎层、封闭层、沥青涂层、加强包扎层、封闭层、沥青涂层、外保护层。防腐层厚度不应小于 9mm。

2. 沥青防腐层的施工

1）冷底子油

冷底子油即沥青底漆，直接涂刷在清洁干燥的管道表面，用于增强黏结力。

2）沥青

沥青用于管道绝缘防腐。

3）加强包扎层

位于沥青涂层中间的加强包扎层，可采用玻璃丝布、石棉油毡、麻袋布等材料，所起作用是提高沥青涂层的机械强度和热稳定性。

4）保护层

位于防腐层外面的保护层，多采用塑料布或玻璃丝包缠而成，可提高绝缘层的强度和热稳定性，减少机械损伤和热变形，提高整个防腐层的防腐性能。

6.2 管道设备的绝热

为了减少冷介质和热介质在输送过程中，管道和设备向周围环境吸收热量或散发热量造成的冷量或热量损失，需要在管道和设备外部用绝热材料包缠，以便达到节约能源、创造良好环境和保持管道设备内介质温度的目的。

6.2.1 绝热的概念和意义

1. 保温绝热与保冷绝热

绝热又称保温,按用途可以分为保温绝热和保冷绝热两种。保温绝热是减少系统内介质的热能向外界环境传递;保冷绝热是减少环境中热能向系统内介质传递。

保温绝热层和保冷绝热层,本身并无不同。但由于热量传递的方向不同和应用的温度范围不同,其使用性质上产生了质的差别,因此在结构构造上也有所不同。

2. 绝热层的作用

绝热层的作用是减少能量损失、节约能源、提高经济效益;保障介质运行参数,满足用户生产生活要求。同时,对于保温绝热层来说,可降低绝热层外表面温度,改善环境工作条件,避免烫伤事故发生。对于保冷绝热层来说,可提高绝热层外表面温度,改善环境工作条件,防止绝热层外表面结露结霜。对于寒冷地区,管道绝热层能保障系统内的介质不被冻结、保证管道安全运行。

6.2.2 绝热材料的种类

1. 板材

板材包括岩棉板、铝箔岩棉板、超细玻璃棉毡、铝箔超细玻璃吊板、自熄性聚苯乙烯泡沫塑料、聚氨酯泡沫塑料、橡塑板、铝镁质隔热板等。

2. 管壳制品

管壳制品包括岩棉、矿渣棉、玻璃棉、硬聚氨酯泡沫塑料管壳、铝箔超细玻璃棉管壳、橡塑管壳、聚苯乙烯泡沫塑料管壳、预制瓦块(泡沫混凝土、珍珠岩、蛭石、石棉瓦)等。

3. 卷材

卷材包括聚苯乙烯泡沫塑料、岩棉、橡塑等。

6.2.3 绝热层的构成

1. 保冷结构

保冷结构由内至外,按功能和层次依次为:防锈层、保冷层、防潮层、保护层、防腐蚀及识别层。

1) 防锈层

管道及设备表面除锈后涂刷的防锈底漆,一般涂刷1~2遍。

2) 保冷层

为减少能量损失,起保冷作用的主体层附着于防锈层外面。

3) 防潮层

防止水蒸气向绝热层内渗流,在绝热层外面。

防潮层常用玻璃丝布、沥青油毡、聚乙烯薄膜、夹筋铝箔(兼保护层)等材料制作。

4）保护层

保护防潮层和绝热层不受外界机械损伤。

保护层常用石棉水泥、石棉石膏、铅丝网、玻璃丝布、铝皮、镀锌铁皮、铝箔纸等制作。

5）防腐蚀及识别层

用不同颜色的油漆涂料涂刷制成,保护保温管道设备不受环境侵蚀和腐蚀,既作防腐层又作识别标志。

2. 保温结构

保温结构由内至外,按功能和层次依次为:防锈层、保温层、保护层、防腐蚀及识别层。但在潮湿环境或埋地状况下需要增设防潮层。

6.2.4　绝热施工

1. 绝热层施工方法

1）捆扎法

捆扎法是把绝热材料制品敷于设备及管道表面,再用捆扎材料将其扎紧、定位的方法。适用于软质毡、板、管壳,硬质、半硬质板等各类绝热材料制品。

2）黏结法

黏结法是用各种黏结剂将绝热材料制品直接粘贴在设备及管道表面的施工方法。适用于各种轻质绝热材料制品,如泡沫塑料、泡沫玻璃、半硬质或软质毡、板等。

3）浇注法

浇注法是将配制好的液态原料或湿料倒入设备及管道外壁设置的模具内,使其发泡定型或养护成型的方法。适用于异形管件的绝热、室外地面或地下管道绝热。

4）喷涂法

喷涂法是利用机械或气流技术将料液或粒料输送、混合,至特制喷枪口送出,使其附着在绝热面成型的方法,适用面较广。

5）充填法

充填法是用粒状或棉絮状绝热材料充填到设备及管道壁外的空腔内的方法。该法可在缺少绝热制品的条件下使用,也适用于对异形管件做成外套的内部充填。

6）拼砌法

拼砌法是用块状绝热制品紧靠设备及管道外壁砌筑的施工方法。常用于保温,特别是高温炉墙的保温层砌筑。

2. 防潮层施工方法

1）涂抹法

涂抹法是在绝热层表面附着一层或多层基层材料,并分层在其上方涂敷各类涂层材料的方法。

2）捆扎法

捆扎法是把防潮薄膜与片材敷于绝热层表面,再用捆扎材料将其扎紧,并辅以黏结剂与密封剂将其封严的一种防潮层施工方法。

3. 保护层施工方法

1）金属保护层法

金属保护层法是指采用镀锌薄钢板或铝合金薄板等金属保护层紧贴在保温层或防潮层上的方法。

2）非金属保护层法

非金属保护层法是指采用非金属保护层,如复合制品板紧贴在保温层或防潮层上的方法。

4. 绝热层施工技术要求

1）设备保温层施工技术要求

(1)当一种保温制品的层厚大于100mm时,应分两层或多层逐层施工,先内层后外层,同层错缝,异层压缝,保温层的拼缝宽度不应大于5mm。

(2)用毡席材料时,毡席与设备表面要紧贴,缝隙用相同材料填实。

(3)用散装材料时,保温层应包扎镀锌铁丝网,接头用4mm镀锌铁丝缝合,每隔4m捆扎一道镀锌铁丝。

(4)保温层施工不得覆盖设备铭牌。

2）管道保温层施工技术要求

(1)水平管道纵向接缝位置,不得布置在管道垂直中心线45°范围内。

(2)保温层的捆扎采用包装钢带或镀锌铁丝,每节管壳至少捆扎两道,双层保温应逐层捆扎,并进行找平和接缝处理。

(3)有伴热管的管道保温层施工时,伴热管应按规定固定;伴热管与主管线之间应保持空间,不得填塞保温材料。

(4)采用预制块做保温层时,同层要错缝,异层要压缝,用同等材料的胶泥勾缝。

(5)管道上的阀门、法兰等经常维修的部位,保温层必须采用可拆卸式的结构。

3）设备、管道保冷层施工技术要求

(1)当所采用的保冷制品的层厚大于80mm时,应分两层或多层逐层施工。在分层施工中,先内层后外层,同层错缝,异层压缝,保冷层的拼缝宽度不应大于2mm。

(2)采用现场聚氨酯发泡应根据厂家提供的配合比进行现场试发泡;阀门、法兰保冷可根据设计要求采聚氨酯发泡做成可拆卸保冷结构。

(3)聚氨酯发泡先做好模具,根据材料配比和要求,进行现场设备支承件处的保冷层应加厚,保冷层的伸缩缝外面,应再进行保冷。

(4)管托、管卡等处的保冷,支承块用致密的刚性聚氨酯泡沫塑料块或硬质木块,采用硬质木块做支承块时,硬质木块应浸渍沥青防腐。

(5)管道上附件保冷时,保冷层长度应大于保冷层厚度的4倍或敷设至垫木处。接管处保冷,在螺栓处应预留出拆卸螺栓的距离。

5. 防潮层施工技术要求

设备及管道保冷层外面应敷设防潮层,以阻止蒸汽向保冷层内渗透,维护保冷层的绝热能力和效果。防潮层以冷法施工为主。

(1)保冷层外表面应干净,保持干燥,并应平整、均匀,不得有突角、凹坑现象。

(2)沥青胶玻璃布防潮层分为三层:第一层为石油沥青胶层,厚度为3mm;第二层为中粗格平纹玻璃布,厚度应为0.1~0.2mm;第三层为石油沥青胶层,厚度为3mm。

(3)沥青胶应按设计要求或产品要求规定进行配制;玻璃布应随沥青层边涂边贴,其环向、纵向缝搭接应不小于50mm,搭接处必须黏结密实。立式设备或垂直管道的环向接缝应为上搭下;卧式设备或水平管道的纵向接缝位置应在两侧搭接,缝朝下。

6. 保护层施工技术要求

保护层能有效地保护绝热层和防潮层,以阻挡环境和外力对绝热结构的影响,延长绝热结构的使用寿命,并保持其外观整齐美观。

(1)保护层宜用镀锌铁皮或铝皮,如采用黑铁皮,其内表面硬座防腐处理;使用金属保护层时,可直接将压好边的金属卷板合在绝热层外,水平管道或垂直管道应按管道坡向自下而上施工,半圆凸缘应重叠,搭口向下,用自攻螺钉或铆钉连接。

(2)设备直径大于1m时,宜采用波形板;直径小于1m时,宜采用平板,如设备变径,过渡段采用平板。

(3)水平管道或卧式设备顶部,严禁有纵向接缝,应位于水平中心线上方与水平中心线呈30°以内。例如,当采用金属作为保护层时,对于下列情况,金属保护层必须按照规定嵌填密封剂或在接缝处包缠密封带。

① 露天或潮湿环境中的保温设备、管道和室内外的保冷设备、管道与其附件的金属保护层。

② 保冷管道的直管段与其附件的金属保护层接缝部位和管道支架、吊架穿出金属护壳的部位。

思　考　题

1. 涂料防腐前为什么要除锈?除锈方法有哪些?
2. 管道设备的涂漆方法有哪几种?
3. 埋地管道的腐蚀是由哪些因素引起的?
4. 沥青防腐层结构有哪几种分类?分别有哪些层次构成?
5. 什么是绝热?绝热的作用是什么?
6. 保冷和保温的区别是什么?
7. 保冷结构与保温结构分别有哪些层次?
8. 绝热材料有哪些?

[学习心得]

第7章 专业训练

7.1 建筑给水排水及采暖工程

一、单项选择题

1. 给水水平管道应有( )的坡度坡向泄水装置。
   A. 1‰～2‰　　　B. 2‰～3‰　　　C. 2‰～5‰　　　D. 2‰～4‰

2. 室内给水与排水管道平行敷设时,两管间的最小水平净距离不得小于( )m。
   A. 0.15　　　B. 0.5　　　C. 1.0　　　D. 1.5

3. 室内给水与排水管道交叉敷设时,垂直净距不得小于( )m。
   A. 0.5　　　B. 0.15　　　C. 1.0　　　D. 1.5

4. 埋地给水管应铺在排水管上面,若给水管必须铺在排水管下面时,给水管应加套管,其长度不得小于排水管管径的( )倍。
   A. 1　　　B. 2　　　C. 3　　　D. 4

5. 安装在卫生间和厨房间内等有防水要求位置的穿楼板套管,顶部应高出装饰地面( )mm。
   A. 30　　　B. 40　　　C. 50　　　D. 60

6. 室外给水管道在无冰冻地区埋地敷设时,管顶的覆土埋深不得小于500mm,穿越道路部位的埋深不得小于( )mm。
   A. 600　　　B. 700　　　C. 800　　　D. 900

7. 管道的支架、吊架安装应平整牢固。25mm的塑料管垂直(立管)安装其支架的最大间距为( )m。
   A. 0.5　　　B. 0.25　　　C. 1.0　　　D. 1.2

8. 管道小于或等于100mm的镀锌钢管应采用( )连接,破坏的镀锌层表面应做防腐处理。
   A. 焊接　　　B. 螺纹　　　C. 法兰　　　D. 专用管件

9. 室内给水系统使用的( )在安装前,应逐个做强度和严密性试验。
   A. 流量调节阀　　　　　　　B. 金属阀门
   C. 主干管上起切断作用的闭路阀门　　　D. 塑料阀门

10. 给水塑料管和复合管与金属管件、阀门等连接不得采用( )连接。
    A. 专用管件　　　　　　　B. 热熔
    C. 在塑料管和复合管上套丝　　　D. 法兰

11. 安装箱式消防栓,栓口应朝外,并不应安装在门轴处;栓口中心距地面为 1.1m,允许偏差为 20mm,阀门中心距箱侧面为 140mm,距箱后内表面为（　　）mm,允许偏差为 5mm。

    A. 100　　　　　　B. 110　　　　　　C. 120　　　　　　D. 130

12. 敞口水箱满水试验的检验方法是满水静置（　　）h 观察,不渗不漏。

    A. 24　　　　　　B. 12　　　　　　C. 10　　　　　　D. 8

13. 密闭水箱水压试验的检验方法是在试验压力下（　　）min 压力不降,不渗不漏。

    A. 5　　　　　　B. 10　　　　　　C. 15　　　　　　D. 20

14. 架空敷设的供热管道安装高度,如设计无规定时,在人行地区,不小于（　　）m。

    A. 2.0　　　　　　B. 2.5　　　　　　C. 3.0　　　　　　D. 3.5

15. 在安装太阳能集热器玻璃前,应对集热排水管和上、下集管做水压试验,其试验压力为工作压力的（　　）倍。

    A. 1　　　　　　B. 1.2　　　　　　C. 1.5　　　　　　D. 2

16. 室内热水系统钢管式复合管道系统应在试验压力（　　）min 内,压力降不大于 0.02MPa,然后降至工作压力检查,压力不降,且不渗不漏为合格。

    A. 10　　　　　　B. 15　　　　　　C. 20　　　　　　D. 25

17. 热水采暖系统竣工后（　　）进行冲洗。

    A. 必须　　　　　　B. 不要　　　　　　C. 应　　　　　　D. 不宜

18. 压力表的刻度极限值,应大于或等于工作压力的（　　）倍,表盘直径不得小于 100mm。

    A. 1.1　　　　　　B. 1.25　　　　　　C. 1.5　　　　　　D. 2.0

19. 水泵单机试运转连续运转（　　）h 后,滑动轴承外壳最高温度不得超过 70℃,滚动轴承不得超过 80℃。

    A. 1　　　　　　B. 2　　　　　　C. 3　　　　　　D. 4

20. 排水主立管及水平干管管道应做通球试验,通球球径不小于排水管道管径的（　　）。

    A. 3/4　　　　　　B. 3/5　　　　　　C. 2/3　　　　　　D. 1/2

21. 管径为 125mm 塑料排水管水平安装时,其支架、吊架最大间距应为（　　）m。

    A. 1　　　　　　B. 1.30　　　　　　C. 0.5　　　　　　D. 1.25

22. 安装在室内的雨水管,安装完毕应做灌水试验。其灌水高度必须到（　　）。

    A. 每根立管上部的雨水斗　　　　　　B. 每根立管的上部
    C. 每根立管的下部　　　　　　D. 每根立管的中部

23. 雨水斗管的连接应固定在屋面承重结构上。雨水斗边缘与屋面相连处应严密不漏。与雨水斗连接的连接管管径,在设计无要求的情况下不得小于（　　）mm。

    A. 50　　　　　　B. 100　　　　　　C. 150　　　　　　D. 200

24. 排水管管径为 50mm 的洗脸盆的排水管道最小坡度为（　　）。

    A. 0.01　　　　　　B. 0.02　　　　　　C. 0.025　　　　　　D. 0.03

25. 地漏水封高度不得小于（　　）mm。

    A. 30　　　　　　B. 40　　　　　　C. 50　　　　　　D. 60

26. 饮食业工艺设备引出的排水管及饮用水水箱的溢流管,不得与污水管道(　　)。

    A. 直接连接

    B. 间接连接

    C. 留出不小于100mm的隔断空间再间接连接

    D. 经处理后再间接连接

27. 柔性接口铸铁排水管立管管材长度大于(　　)m时,每根立管必须安装1个支架(管卡)。

    A. 1.0   B. 1.2   C. 1.5   D. 1.8

28. 通向室外的排水管,穿过墙壁或基础必须下返时,应采用45°三通和45°弯头连接,并应在垂直管段顶部设置(　　)。

    A. 清扫口   B. 接头   C. 弯头   D. 支架

29. 排水塑料管必须按设计要求装设伸缩节。但是,当设计无要求时,两只伸缩节之间的间距不得大于(　　)m。

    A. 2   B. 4   C. 5   D. 6

30. 规格为D100排水塑料管立管的支架安装最大间距是(　　)m。

    A. 1   B. 1.5   C. 2   D. 2.5

31. 中水管道与生活饮用水管道、排水管道平行埋设时,其水平净距离不得小于(　　)m。

    A. 0.3   B. 0.5   C. 0.6   D. 1.0

32. 室内消火栓系统安装完成后应取屋顶层(或水箱间内)试验消火栓和(　　)消火栓做试射试验,达到设计要求为合格。

    A. 每层一处   B. 每隔二层一处

    C. 首层一处   D. 首层二处

33. 下列管道中,不宜用于饮用水输送的管道是(　　)。

    A. 聚丁烯(PB)管   B. 聚乙烯(PE)管

    C. 硬聚氯乙烯(UPVC)管   D. 三型聚丙烯(PPR)管

34. 铜和铜合金管分为拉制管和挤制管,连接方式一般有括口、压紧和(　　)。

    A. 热熔   B. 承插   C. 黏接   D. 钎焊

35. 阀门按驱动方式划分,可分为手动阀门、动力驱动阀门和(　　)。

    A. 自动阀门   B. 电磁阀门

    C. 电动阀门   D. 链条驱动阀门

36. 下列不属于清通附件的是(　　)。

    A. 清扫口   B. 检查口   C. 地漏   D. 室内检查井

37. 作用为排出有害气体、减少室内污染和管道腐蚀,防止卫生器具水封被破坏的排水附件是(　　)。

    A. 清扫口   B. 存水弯   C. 地漏   D. 通气帽

38. DN表示焊接钢管、阀门及管件的(　　)。

    A. 内径   B. 外径   C. 公称直径   D. 管壁厚度

39. 排水系统图,按排水流向,从用水设备或卫生器具的排水口、排水支管、排水干管、排水立管到( )的顺序识读。

    A. 供水干管   B. 排出管   C. 回水总管   D. 卫生器具

40. 住宅工程中,给水分户水表可以选用( )水表。

    A. 螺翼式   B. 旋翼式   C. 热水式   D. 转子式

41. 当室内消火栓超过 10 个且消防用水量大于( )L/s 时,室内消防给水管道至少应有 2 条进水管与室外环状管网相连接。

    A. 5   B. 10   C. 15   D. 20

42. 安装在主干管上起切断作用的闭路阀门,应逐个作强度和严密性检验,( )进行复试。

    A. 委托监理单位

    B. 有异议时可见证取样委托法定检测单位

    C. 委托建设单位

    D. 委托施工单位

43. 消火栓箱的施工图设置坐标位置,施工时不得随意改变,确需调整,应经( )认可。

    A. 消防部门   B. 监理工程师   C. 质量检查员   D. 建设单位

44. 住宅工程埋地及( )的排水管道,应在隐蔽或交付前做灌水试验并合格。

    A. 所有可能隐蔽   B. 塑料管材水平安装

    C. 立管垂直安装   D. 屋顶通气管

45. 住宅工程排水通气管不得与风道或烟道连接,严禁封闭( )。

    A. 屋顶透气口   B. 立管检查口   C. 楼面检查口   D. 弯头检查口

46. 住宅工程洗面盆排水管水封宜设置在( )。

    A. 本层内   B. 下一层

    C. 楼层混凝土板内   D. 不受限制

47. 热水供应系统安装完毕,管道保温之前进行水压试验。试验压力应符合设计要求,当设计未注明时,热水供应系统水压试验压力应为系统顶点的工作压力加( )MPa。

    A. 0.05   B. 0.1   C. 0.2   D. 0.3

48. 室内采暖系统的散热器支管坡度应为( )%,坡向应利于排气和排水。

    A. 0.5   B. 0.8   C. 1   D. 2

49. 室外给水管道在埋地敷设时,应当在当地冰冻线以下,在无冰冻地区,管顶覆土埋深不得小于( )mm。

    A. 300   B. 500   C. 700   D. 1000

50. 中水水箱应与生活水箱分设在不同房间内,如条件不允许只能设在同一房间时,中水水箱与生活水箱的净距离应大于( )m。

    A. 1   B. 1.5   C. 2   D. 2.5

51. 雨水斗的连接管管径当设计无要求时,不得小于( )mm。

    A. 50   B. 100   C. 150   D. 200

52. 以下不属于局部污水处理构筑物的是( )。

    A. 除污器   B. 化粪池   C. 降温池   D. 隔油井

53. 散热器支管长度超过( )m 时,应在支管上安装管卡。
    A. 0.5　　　　　B. 1　　　　　C. 1.5　　　　　D. 2
54. 散热器背面与装饰后的墙内表面安装距离,如设计未注明,应为( )mm。
    A. 20　　　　　B. 30　　　　　C. 40　　　　　D. 50

二、多项选择题

1.《建筑给水排水及采暖工程施工质量验收规范》(GB 50242—2002)适用于( )工程的质量检验和验收。
    A. 工作压力不大于 1.0MPa 的室内给水和消火栓系统管道
    B. 饱和蒸汽压力不大于 0.7MPa,热水温度不超过 130℃的室内和厂区及民用建筑群的采暖系统安装工程
    C. 室内排水管道、雨水管道安装工程
    D. 工作压力不大于 1.0MPa,热水温度不超过 75℃的室内热水供应管道安装工程
    E. 市政给水管网安装工程

2. 当设计未注明时,下列水压试验压力符合规定的有( )。
    A. 室内外给水管道系统和室外供热管道的水压试验压力为工作压力的 1.5 倍,但不得小于 0.6MPa
    B. 室内热水供应系统水压试验压力应为系统顶点的工作压力加 0.1MPa,同时在系统顶点的试验压力不小于 0.3MPa
    C. 室内高温热水采暖系统,试验压力应为系统顶点工作压力加 0.4MPa
    D. 阀门的强度试验压力为公称压力的 1.5 倍,严密性试验压力为公称压力的 1.0 倍
    E. 室内高温热水采暖系统,使用塑料管及复合管的,应以系统顶点工作压力加 0.2MPa,同时在系统顶点的试验压力不小于 0.4MPa

3. 管道在穿过结构伸缩缝、抗震缝及沉降缝时,管道系统应采取( )措施。
    A. 在结构缝处采取柔性连接
    B. 管道或保温层的外壳上、下部均留有不小于 150mm 可位移的净空
    C. 在穿墙处做成方形补偿器,垂直安装
    D. 在伸缩缝处采取加强措施
    E. 在穿墙处做成方形补偿器,水平安装

4. 室外给水管道不得直接穿越( )等污染源。
    A. 污水井　　　　　B. 公共厕所　　　　　C. 化粪池
    D. 给水井　　　　　E. 水表井

5. 生活给水系统的( ),必须符合饮用水卫生标准的要求。
    A. 支架　　　　　B. 管件　　　　　C. 接口填充材料
    D. 接口胶黏剂　　　　　E. 管道

6. 卫生器具交工前应做( )试验。
    A. 满水　　　　　B. 通水　　　　　C. 水压
    D. 灌水　　　　　E. 强度

7. 管道安装坡度,当设计未注明时,应符合下列规定:汽、水同向流动的热水采暖管道

和汽、水同向流动的蒸汽管道及凝结水管道,坡度应为( ),不得小于( );汽、水逆向流动的热水采暖管道和汽、水逆向流动的蒸汽管道,坡度不应小于( );散热器支管的坡度应为( ),坡向应利于排水和泄水。

    A. 2‰   B. 3‰   C. 5‰

    D. 1%   E. 4‰

8. 热水供应系统的水压试验压力应为系统顶点的工作压力加( )MPa,同时在系统顶点的试验压力不小于( )MPa。

    A. 0.1   B. 0.2   C. 0.3

    D. 0.4   E. 0.6

9. 排水通气管不得与风道或烟道连接,且应符合( )。屋顶有隔热层的通气管高度应从隔热层板面算起。

    A. 通气管应高出屋面 300mm,且必须大于最大积雪厚度

    B. 通气管应高出屋面 300mm,且必须大于最大积雪厚度

    C. 在通气管出口 4m 以内有门、窗时,通气管应高出门、窗顶 600mm 或引向无门、窗一侧

    D. 在经常有人停留的平屋顶,通气管应高出屋面 2m,并应据防雷要求设置防雷装置

    E. 在经常有人停留的平屋顶,通气管应高出屋面 1.5m,并应据防雷要求设置防雷装置

10. 在生活污水管道上设置的检查口或清扫口,当设计无要求时应符合下列( )规定。

    A. 在立管上应每隔一层设置一个检查口,但在底层和有卫生器具的最高层必须设置

    B. 在连接 2 个及以上大便器或 3 个及以上卫生器具的污水横管上应设置清扫口

    C. 在转角小于 90°的污水横管上,应设置检查口或清扫口

    D. 污水横管的直线管段,应按设计要求的距离设置检查口或清扫口

    E. 检查口中心高度距操作地面一般为 1m,允许偏差 30mm

11. 室内排水系统安装,施工做法正确的有( )。

    A. 埋地的排水管道在隐蔽前做灌水试验

    B. 住宅卫生间排水立管在穿越楼板后,楼板洞口用细石混凝土封堵严密,在距地面 1.5m 处设一个固定支架,伸缩节安装在楼层顶板下 0.6m 处

    C. 立管每隔一层设置一个检查口,在最底层和有卫生器具的最高层也设置了检查口

    D. 由室内通向室外排水检查井的排水管,井内引入管高出排出管 0.5m

    E. 暗装的排水立管,在检查口处安装检修门

12. 应做灌水试验的管道有( )。

    A. 室内安装的雨水管道   B. 吊顶内的排水管道

    C. 埋地的排水管道   D. 室外的雨水管道

    E. 室外的污水管道

13. 高层建筑中明设排水塑料管道应按设计要求设置( )。
    A. 阻火圈　　　　　　　B. 阀门　　　　　　　　C. 防火套管
    D. 防火阀　　　　　　　E. 伸缩节

14. 管道在穿过结构伸缩缝、防震缝及沉降缝时,管道系统应采取( )措施。
    A. 在墙体两侧采取柔性连接
    B. 在管道或保温层外皮上、下部留有不小于 150mm 的净空
    C. 在穿墙处安装伸缩器
    D. 在管道或保温层外皮上、下部留有不小于 200mm 的净空
    E. 在穿墙处做成方形补偿器,水平安装

15. 室内排水的水平管与水平管、水平管与立管的连接,应采用( )。
    A. 45°三通　　　　　　　B. 90°顺水三通　　　　C. 45°四通
    D. 90°斜三通　　　　　　E. 90°斜四通

16. 自动喷水灭火系统热镀锌钢管安装应采用( )连接。
    A. 螺纹　　　　　　　　　B. 沟槽式管件　　　　　C. 焊接
    D. 法兰　　　　　　　　　E. 承插

17. 下列( )管道上不允许设置阀门。
    A. 膨胀管　　　　　　　　B. 补水管　　　　　　　C. 循环管
    D. 泄水管　　　　　　　　E. 溢流管

18. 闭式自动喷水灭火系统可分为( )。
    A. 湿式　　　　　　　　　B. 干式　　　　　　　　C. 干湿式
    D. 水幕　　　　　　　　　E. 预作用

19. 建筑排水系统一般由( )及提升设备、污水局部处理构筑物等组成。
    A. 排水管道　　　　　　　B. 通气管　　　　　　　C. 水表
    D. 清通设备　　　　　　　E. 污废水受水器

20. 以下( )属于常用通气管系统。
    A. 伸顶通气管　　　　　　B. 环形通气管　　　　　C. 主通气立管
    D. 清通通气管　　　　　　E. 专用通气管

三、判断题(正确在括号中写"A",错误在括号中写"B")

1. 地下室或地下构筑物外墙有管道穿过的,应采取防水措施。对有严格防水要求的建筑物,必须采用柔性防水套管。( )

2. 各种承压管道系统和设备应做水压试验,非承压管道系统和设备应做灌水试验。( )

3. 给水管道必须采用与管材相适应的管件。生活给水系统所涉及的材料必须达到饮用水卫生标准。( )

4. 生活给水系统管道在交付使用前必须冲洗和消毒,并经有关部门取样检验,符合国家《生活饮用水卫生标准》(GB 5749—2006)才可使用。( )

5. 低温热水盘管隐蔽前必须进行水压试验,试验压力为工作压力的 1.15 倍,但不小于 0.6MPa。( )

6. 室外给水管道竣工后,必须对管道进行冲洗,饮用水管道还要在冲洗后进行消毒,满

足饮用水卫生要求。 （　　）

7. 室内采暖管道系统冲洗完毕应通水、加热,进行试运行和调试。 （　　）

8. 蒸汽采暖系统,应以系统顶点工作压力加 0.1MPa 做水压试验,同时在系统顶点的试验压力不小于 0.3MPa。 （　　）

9. 防火套管是套在管道上,阻止火势沿管道贯穿部位蔓延的短管。 （　　）

10. 膨胀水箱的膨胀管及循环管上可以安装阀门。 （　　）

11. 采暖系统安装完毕,在进行管道保温之后应进行水压试验。 （　　）

12. 蒸汽锅炉安全阀的排汽管口可安装在室内。 （　　）

13. 非承压锅炉,锅筒顶部必须敞口或装设大气连通管,连通管上可安装阀门。 （　　）

14. 游泳池的泄水口可采用铸铁材料制造。 （　　）

15. 中水管道不宜暗装于墙体和楼板内,如必须暗装于墙槽内时,必须在管道上有明显且不会脱落的标志。 （　　）

16. 承插接口的排水管道安装时,管道和管件的承口应与水流方向相同。 （　　）

17. 输送生活给水的塑料管道可露天架空铺设,但架空高度必须符合要求。 （　　）

18. 雨水管道不得与生活污水管道直接相连接。 （　　）

19. 热水供应系统竣工后可以不必进行冲洗。 （　　）

20. 低温热水地板辐射采暖系统,地面下敷设的盘管埋地部分不应有接头。 （　　）

21. 在安装太阳能集热器玻璃前,应对集热排管和上、下集管做水压试验,试验压力为工作压力的 1.2 倍。 （　　）

22. 中水给水管道不得装设取水水嘴。 （　　）

四、案例分析题

（一）室内消火栓系统安装工程检验批质量验收,施工单位视以下情况,请给出相应的检查评定结论意见。

主 控 项 目

1. 某一学校四层教学楼,两个楼梯间均设有室内消火栓系统,取屋顶和一层各一处的消火栓做试射试验,均达到设计要求。（　　）

    A. 合格   B. 不合格

2. 消火栓水龙带与水枪及快速接头绑扎好挂放在箱内的支架上。（　　）

    A. 合格   B. 不合格

3. 箱式消火栓栓口朝外,并装在开门侧,栓口中心距地面为 1.09m,阀门中心距箱侧面为 135mm,距箱后内表面为 106mm,消火箱安装的垂直度偏差为 2mm。（　　）

    A. 合格   B. 不合格

4. 施工单位检查评定结论。（　　）

    A. 合格   B. 不合格

（二）某六层住宅雨水管道及配件安装工程检验批质量验收,施工单位视以下情况,请给出相应的检查评定结论意见。

主 控 项 目

1. 安装在室内的雨水管道做灌水试验,灌水高度为底层横管到立管的±0.000位置,满水15min水面下降后,再灌满观察5min,液面不下降,管道及接口无渗漏。( )

A. 合格 　　　　　　　　　　 B. 不合格

2. 管材采用塑料雨水管,材料已检查合格,其立管伸缩节每隔3m安装一只,立管采用固定支架每隔1.5m设一只。( )

A. 合格 　　　　　　　　　　 B. 不合格

3. 管径为110mm的雨水管道在一层埋地的坡度为5‰。( )

A. 合格 　　　　　　　　　　 B. 不合格

一 般 项 目

4. 雨水管道单独直接通向雨水管道井,雨水斗管固定在屋面的承重结构上,雨水斗边缘与屋面相连处严密不漏。( )

A. 合格 　　　　　　　　　　 B. 不合格

5. 经抽测允许偏差项目见表7-1。( )

表7-1 抽测允许偏差情况记录 　　　　　　　　　　单位:mm

项　　目		允 许 偏 差	实测偏差值
坐标		15	10,9,8,11,15,17,20,15,20,12
标高		±15	11,13,15,17,19,20,11,10,15,9
立管垂直度	(每1m)3		3,2,1,4,5,3,2,2,2,3,3
	(全长)≤15		9,12,11,13,14,16,21,11,18,14

A. 合格 　　　　　　　　　　 B. 不合格

6. 施工单位检查评定结论。( )

A. 合格 　　　　　　　　　　 B. 不合格

(三)某六层住宅楼排水管道及配件安装工程检验批质量验收,根据施工单位以下情况,请给出相应检查评定结论意见。

主 控 项 目

1. 埋地的排水管道在隐蔽前做灌水试验,灌水高度在一层地面±0.000位置以下,在规定的时间内液面不下降、管口及接口无渗漏。( )

A. 合格 　　　　　　　　　　 B. 不合格

2. 卫生间层高2.8m,排水立管采用管径为110mm的硬聚氯乙烯PVC排水塑料管,其立管伸缩节每层安装一只,立管管卡每层安装一个。( )

A. 合格 　　　　　　　　　　 B. 不合格

3. 管径为110mm的PVC排水塑料管在一层埋地的坡度为5‰。( )

A. 合格 　　　　　　　　　　 B. 不合格

一 般 项 目

4. 管径为 110mm 的 PVC 排水主立管均做通球试验,用球径 60mm 的木球通球,通球率达到 100%。(　　)

    A. 合格　　　　　　　　　　　　　　B. 不合格

5. 经抽测允许偏差项目见表 7-2。(　　)

表 7-2　抽测允许偏差情况记录　　　　　　　　　　单位:mm

项　　目	允 许 偏 差	实测偏差值
坐标	15	10,9,8,11,15,17,20,15,20,12
标高	±15	11,13,15,17,19,20,11,10,15,9
立管垂直度	(每 1m)3	3,2,1,4,5,3,2,2,3,3
	(全长)≤15	9,12,11,13,14,16,21,11,18,14

    A. 合格　　　　　　　　　　　　　　B. 不合格

7.2　通风与空调工程

一、单项选择题

1. 据统计,人的一生大约有(　　　)的时间是在各种室内环境中度过的,因此,室内空气质量的好坏直接关系着人们的生活、工作质量和身体健康。

    A. 50%~60%　　　　　　　　　　　B. 80%~90%

    C. 70%~80%　　　　　　　　　　　D. 70%~90%

2. 室内污染物中的悬浮颗粒物和无机化合物,主要来源是(　　)。

    A. 吸烟产生的烟雾

    B. 烹饪过程中各种燃料在灶具中燃烧产生的

    C. 从室外进入室内的

    D. 以上全部

3. 在进行通风系统风量的分配时,当散发有害气体和蒸汽的密度比空气重,宜从房间上部区域排出总风量的(　　)且不小于每小时一次换气量。

    A. 1/2　　　　　　B. 1/3　　　　　　C. 2/3　　　　　　D. 无法确定

4. 在进行通风系统风量的分配时,有害物和蒸汽的密度比空气轻,宜从房间(　　)区域排出。

    A. 上部　　　　　　B. 中部　　　　　　C. 下部　　　　　　D. 无法确定

5. 建筑物内散发热、蒸汽或有害物的生产过程和设备,宜采用(　　)。

    A. 局部送风　　　　B. 局部排风　　　　C. 全面送风　　　　D. 全面排风

6. 全面通风的效果与(　　)的关系不大。

    A. 全面换气量　　　　　　　　　　　B. 通风气流组织

    C. 送风口与回风口的位置　　　　　　D. 回风管内的风速

7. 离心风机产生的全压较大,常用于( )的系统。
　　A. 较大　　　　　B. 较小　　　　　C. 适中　　　　　D. 无法确定

8. 降低送风系统阻力的措施是( )。
　　A. 采用低速送风　　　　　　　　B. 降低风管和过滤器的阻力
　　C. 采用热回收装置　　　　　　　D. 以上都是

9. 当中庭高度小于12m时,可以采用自然排烟,规定可开启的天窗或侧窗的面积不应小于该中庭面积的( )%。
　　A. 5　　　　　　　B. 8　　　　　　　C. 6　　　　　　　D. 10

10. 我国《高层民用建筑设计防火规范》中规定一类建筑或建筑高度超过32m的二类建筑中高度超过( )m的中庭应设机械排烟。
　　A. 10　　　　　　B. 15　　　　　　C. 12　　　　　　D. 16

11. 排烟风机要有一定的耐热性能,在280℃时能连续工作( )min。
　　A. 30　　　　　　B. 45　　　　　　C. 50　　　　　　D. 20

12. 湿空气的露点温度是指在( )不变的情况下,湿空气达到饱和时的温度。
　　A. 相对湿度　　　　　　　　　　B. 绝对湿度
　　C. 含湿量　　　　　　　　　　　D. 水蒸气分压力

13. 吸收式制冷机,通常以( )作为制冷剂。
　　A. 氟利昂　　　　　　　　　　　B. 溴化锂-水溶液
　　C. 氨　　　　　　　　　　　　　D. 水

14. 一般情况下,空调系统设计的冷冻水供回水温度是( )。
　　A. 5℃/12℃　　　B. 6℃/11℃　　　C. 7℃/12℃　　　D. 7℃/13℃

15. 异程式系统中,各环路的水流阻力不相等,( )产生水力失调。
　　A. 容易　　　　　B. 不容易　　　　C. 不会　　　　　D. 无法确定

16. 逆流式冷却塔工作时,空气与水在冷却塔竖直方向( )而行。
　　A. 顺向　　　　　B. 逆向　　　　　C. 垂直　　　　　D. 无法确定

17. 蒸汽压缩式制冷机上增加( ),就可以蒸发器转换成冷凝器,冷凝器转换成蒸发器。
　　A. 四通换向阀　　B. 干燥过滤器　　C. 油分离器　　　D. 气液分离器

18. 暖通施工图中,水、汽管道所注标高未予说明时,表示的是( )标高。
　　A. 管顶　　　　　B. 管底　　　　　C. 管中心　　　　D. 无法确定

19. 应对当前的能源危机,需要把( )作为最重要的节能手段。
　　A. 减少使用　　　B. 降低能耗　　　C. 节约减排　　　D. 绿色出行

20. 暖通施工图中,通风空调系统管道输送的介质一般为( )、水和蒸汽。
　　A. 中水　　　　　B. 空气　　　　　C. 燃油　　　　　D. 天然气

21. 保冷结构的组成,由内至外顺序正确的是( )。
　　A. 防锈层、保冷层、防潮层、保护层、防腐蚀及识别层
　　B. 防锈层、防潮层、保冷层、保护层、防腐蚀及识别层
　　C. 保冷层、防潮层、防锈层、保护层、防腐蚀及识别层
　　D. 防锈层、保冷层、保护层、防潮层、防腐蚀及识别层

22. 吸顶安装的散流器应(   )。
    A. 高于顶面 1cm   B. 与顶面平齐
    C. 低于顶面 1cm   D. 低于顶面 2cm

23. 根据(   )的机理,自然通风可以分为风压作用下的自然通风、热压作用下的自然通风以及热压和风压共同作用下的自然通风。
    A. 空气流动   B. 温度变化   C. 压差形成   D. 空气湿度

24. 对某一房间或空间内的温度、湿度、洁净度和(   )等进行调节和控制,并提供足量的新鲜空气的方法称为空气调节,简称空调。
    A. 空气流动   B. 饱和度   C. 空气压力   D. 空气流速

25. 根据集中式系统处理空气的来源,系统可分为(   )、直流式系统和混合式系统。
    A. 封闭式系统   B. 开放式系统
    C. 全空气系统   D. 全水系统

26. (   )是半集中式空调系统的末端装置,由风机、盘管(换热器)以及电动机、空气过滤器、室温调节器和箱体组成。
    A. 涡旋式机组   B. 螺杆式机组
    C. 风机盘管机组   D. 活塞式机组

27. 一次回风空调系统主要由空调房间、(   )、送/回风管道和冷热源四大部分组成。
    A. 过滤器   B. 流量计   C. 空气处理设备   D. 锅炉

28. 风机盘管机组的冷、热盘管的(   )可以分为两管制、三管制和四管制 3 种形式。
    A. 空气系统   B. 流量计量   C. 冷却设备   D. 供水系统

29. 风机盘管的调节方法主要有风量调节、水量调节和(   )调节。
    A. 电量   B. 旁通风门   C. 冷却塔   D. 制冷剂

30. 空调机组的(   )=机组名义工况(又称额定工况)制冷量/整机功率消耗。
    A. 能效比(EER)   B. 能量比   C. 工作能力   D. 工作参数

31. 空气分配部分主要包括设置在不同位置的(   )和回风口,作用是合理组织空气流动。
    A. 送风管   B. 回风管   C. 送风口   D. 风机盘管

32. 溴化锂吸收式制冷系统主要由(   )、冷凝器、蒸发器和吸收器 4 个热交换设备组成。
    A. 加热器   B. 发生器   C. 冷却塔   D. 空调器

33. (   )是依靠风机提供的动力来迫使空气流通来进行室内外空气交换的方式。
    A. 机械通风   B. 自然通风   C. 换气通风   D. 局部通风

34. (   )质轻、强度高、耐热性及耐腐蚀性优良、电绝缘性好及加工成型方便,在纺织、印染、化工等行业常用于排除腐蚀性气体的通风系统中。
    A. PPR 管   B. 玻璃钢   C. 镀锌管   D. 混凝土管

二、多项选择题

1. 按照污染物在空气中存在的状态,室内污染物可分为(   )。
    A. 固态污染物   B. 液态污染物   C. 气态污染物
    D. 放射性污染物   E. 悬浮颗粒物

2. 以下( )属于建筑物室内污染物的来源。

    A. 甲醛   B. 挥发性有机物   C. 放射性污染物

    D. 病源微生物   E. 植物

3. 在通风设计时,( )房间需要保持一定的负压。

    A. 洁净室   B. 厨房   C. 卫生间

    D. 卧室   E. 吸烟室

4. 与自然排烟方式相比,机械排烟具有( )等优势。

    A. 排烟效果好   B. 运行成本低   C. 运行成本高

    D. 投资成本高   E. 排烟稳定性好

5. 空调系统新风量的确定需要考虑( )等因素。

    A. 建筑物级别   B. 建筑物高度   C. 卫生要求

    D. 补充局部排风量   E. 保持空调房间的正压要求

6. 全空气空调系统中,根据系统处理空气的来源,可分为( )。

    A. 封闭式系统   B. 冷媒式系统   C. 通风式系统

    D. 直流式系统   E. 混合式系统

7. 风机盘管机组的冷、热盘管的供水系统可以分为( )、( )和( )3种形式。

    A. 单管制   B. 两管制   C. 三管制

    D. 四管制   E. 五管制

8. 空调系统末端装置包括( )。

    A. 风机盘管   B. 诱导器   C. 变风量空调末端装置

    D. 中效过滤器   E. 加湿器

9. 空气的冷却处理可以采用( )等设备。

    A. 表面式空气冷却器   B. 喷水室   C. 吸湿剂吸附

    D. 活性炭   E. 加湿器

10. 空气的加热处理可以采用( )等设备。

    A. 表面式空气加热器   B. 裸线式电加热器   C. 管式电加热器

    D. 喷水室   E. 加湿器

11. 空气的减湿处理可以采用( )等方法。

    A. 加热通风   B. 冷却减湿   C. 液体吸湿剂

    D. 固体吸湿剂   E. 喷水室

12. 空气的加湿处理可以采用( )等设备。

    A. 溶液加湿   B. 蒸汽喷管加湿器   C. 电加湿器

    D. 冷却加湿   E. 喷水室

13. 以下属于防火排烟方式的有( )。

    A. 机械加压方式   B. 机械减压方式   C. 自然排烟方式

    D. 防火卷帘方式   E. 空调系统在火灾时改做排烟系统

14. 空气调节工程中为保证人体舒适度,除了要求一定的清洁度外,还要求空气具有一定的( )。

    A. 温度   B. 湿度   C. 均匀度

D. 流动速度　　　　　　E. 换气次数

15. 连接电加热器的风管的法兰垫片,不应采用(　　　)。

A. 难燃材料　　　　　　B. 耐热不燃材料　　　　C. 难燃 B1 级

D. 可燃材料　　　　　　E. 耐热可燃材料

三、判断题(正确在括号中写"A",错误在括号中写"B")

1. 在大多数工程实际中,建筑物是在热压和风压的同时作用下进行自然通风换气的。
（　　）

2. 局部通风方式作为保证工作和生活环境空气品质、防止室内环境污染的技术措施应优先考虑。（　　）

3. 空气淋浴是一种全面的机械送风系统。（　　）

4. 空气幕是一种全面的送风装置。（　　）

5. 要使全面通风达到良好的通风效果,不仅需要足够的通风量,而且还要对气流进行合理的组织。（　　）

6. 在未设有自然通风的房间中,当机械进风量大于机械排风量时,室内处于正压状态。
（　　）

7. 含湿量是指对应于 1g 干空气的湿空气中所含有的水蒸气量。（　　）

8. 相对湿度就是某一温度下,湿空气的水蒸气分压力与同温度下饱和水蒸气分压力的比值。（　　）

9. 相对湿度越小,湿空气接近饱和的程度越小,空气越潮湿。（　　）

10. 可接受的室内空气品质是指空调房间内绝大多数人没有对室内空气表示不满意,并且空气中没有已知的污染物达到了可能对人体健康产生严重威胁的浓度。（　　）

11. 可接受的室内空气品质是指空调房间中绝大多数人没有因为气味或刺激性而表示不满。（　　）

12. 加压送风防烟是用风机把一定量的空气送入房间或通道内,使室内保持一定压力或在门洞处造成一定流速,以避免烟气侵入。（　　）

13. 全面通风系统一方面用清洁空气稀释室内空气的有害物浓度,同时不断地把污染空气排至室外,使室内空气中的有害物浓度不超过卫生标准规定的最高允许浓度。（　　）

14. 局部通风是指利用局部气流,使整个工作区不受有害物的污染,造成良好的空气环境。（　　）

15. 自然通风是指结合特定的建筑结构,靠室外风力造成的风压和室内外空气温度差所造成的热压,使空气流动。（　　）

16. 机械通风是指借助于通风机产生的抽力或压力,强迫空气沿着通风管道流动,实现室内外空气交换的通风方式。（　　）

17. 热平衡是指为了保持通风房间内温度不变,必须使室内的总得热量大于总失热量。
（　　）

18. 烟囱效应是指室内温度高于室外温度时,在热压的作用下,空气沿建筑物的竖井向下流动的现象。（　　）

19. 住宅新风系统是指通过机械通风和自然通风相结合方式,实现若干单元房间的新风供应,是一种持续而且能控制通风路径的通风方式。（　　）

20. 置换通风是指空气由于密度差而造成热气流上升,冷气流下降的原理,在室内形成类似活塞流的流动状态。 （　　）

21. 防烟分区是指用挡烟垂壁、挡烟梁(从顶棚向下突出不小于 500mm 的梁)、挡烟隔墙等划分的可把烟气限制在一定范围的空间区域。 （　　）

7.3　建筑给水排水及采暖工程施工技术

一、单项选择题

1. 给水引入管与排水的排出管的水平净距,在室外不得小于 1.0m,在室内平行敷设时其最小水平净距为 0.5m；交叉敷设时,垂直净距为(　　)m,且给水管应在上面。

   A. 0.10　　　　　 B. 0.15　　　　　 C. 0.20　　　　　 D. 0.25

2. 立管穿楼板时要加套管,套管底面与楼板底齐平,对于安装在厨房和卫生间地面的套管,套管上沿应高出地面(　　)mm。

   A. 20　　　　　 B. 30　　　　　 C. 40　　　　　 D. 50

3. 埋地、嵌墙暗敷设的管道,应在(　　)合格后再进行隐蔽工程验收。

   A. 管道连接　　 B. 水冲洗　　　 C. 水压试验　　 D. 保温

4. 水表应安装在便于检修、不受曝晒、污染和冻结的地方。安装螺翼式水表,表前与阀门应有不小于(　　)倍水表接口直径的直线管段。

   A. 4　　　　　　 B. 6　　　　　　 C. 8　　　　　　 D. 10

5. 排水立管检查口中心距地面为(　　)m。

   A. 0.8　　　　　 B. 1.0　　　　　 C. 1.2　　　　　 D. 1.5

6. 经常有人停留的平屋顶上,通气管应高出屋面(　　)m,并应根据防雷要求设置防雷装置。

   A. 0.8　　　　　 B. 1.0　　　　　 C. 1.5　　　　　 D. 2.0

7. 水封深度小于(　　)mm 的地漏不得使用。

   A. 20　　　　　 B. 30　　　　　 C. 40　　　　　 D. 50

8. 高层建筑中明设穿楼板排水塑料管应设置(　　)或防火套管。

   A. 阻火圈　　　　　　　　　　 B. 防火带
   C. 防水套管　　　　　　　　　 D. 普通套管

9. 给水管装有(　　)个及以上配水管的支管始端应装可拆卸连接。

   A. 1　　　　　　 B. 2　　　　　　 C. 3　　　　　　 D. 4

10. 中水高位水箱宜与生活高位水箱分开设在不同的房间内,如条件不允许只能设在同一房间内,两者净距离应至少大于(　　)m。

   A. 1　　　　　　 B. 2　　　　　　 C. 3　　　　　　 D. 4

11. 建筑物内的生活给水系统,当卫生器具给水配件处的静水压超过规定值时,宜采取(　　)措施。

   A. 减压限流　　　　　　　　　 B. 排气阀
   C. 水泵多功能控制阀　　　　　 D. 水锤吸纳器

12. 管径小于或等于 100mm 的镀锌钢管应采用（　　）连接方式。

    A. 焊接　　　　　　B. 承插　　　　　　C. 螺纹　　　　　　D. 法兰

13. 通球试验的通球球径不小于排水管道管径的（　　）。

    A. 3/4　　　　　　B. 2/3　　　　　　C. 1/2　　　　　　D. 1/3

14. 室内排水系统的安装顺序，一般为（　　）。

    A. 先安装排出管，再安装排水立管和排水支管，最后安装卫生器具

    B. 先安装卫生器具，再安装排水支管和排水立管，最后安装排出管

    C. 先安装排水支管和排水立管，再安装卫生器具，最后安装排出管

    D. 先安装排出管，再安装卫生器具，连接排水立管和排水支管

15. 室内给水管道的水压试验，当设计未注明时，一般应为工作压力的（　　）倍。

    A. 1　　　　　　　B. 1.5　　　　　　C. 2　　　　　　　D. 2.5

16. 一组消防水泵，吸水管不应少于两条，当其中一条损坏或检修时，其余吸水管应仍能通过（　　）％水量。

    A. 50　　　　　　　B. 70　　　　　　　C. 85　　　　　　　D. 100

17. 生活给水系统管道在交付使用前应（　　），并经有关部门取样检验合格才可使用。

    A. 试压　　　　　　B. 满水 24h　　　　C. 吹扫　　　　　　D. 冲洗和消毒

18. 雨水管道灌水高度必须到每根立管的（　　）。灌水试验持续 1h，不渗不漏为合格。

    A. 正负零　　　　　　　　　　　　　　B. 一层检查口高度

    C. 建筑物高度　　　　　　　　　　　　D. 雨水斗高度

19. 具有不腐蚀、便于安装，但强度低、耐温性差、立管产生噪声，常用于室内连续排放污水温度不大于 40℃、瞬时温度不大于 80℃ 的生活污水管道的是（　　）。

    A. 排水铸铁管　　　　　　　　　　　　B. 硬聚氯乙烯塑料排水管

    C. 陶土管　　　　　　　　　　　　　　D. 石棉水泥管

20. 当两根以上污水立管共用一根通气管时，通气管管径应为（　　）。

    A. 其中最小排水管管径　　　　　　　　B. 其中最大排水管管径

    C. 不小于 100mm　　　　　　　　　　　D. 不小于 150mm

21. 螺纹连接的管道安装后，应外露（　　）扣螺纹。

    A. 1～2　　　　　　B. 1～3　　　　　　C. 2～3　　　　　　D. 3～4

22. 隐蔽或埋地的排水管道在隐蔽前必须作（　　）试验。

    A. 通球　　　　　　B. 水压　　　　　　C. 灌水　　　　　　D. 通水

23. 阀门的强度试验压力为其公称压力的（　　）倍。

    A. 1.15　　　　　　B. 1.5　　　　　　C. 2　　　　　　　D. 2.5

24. 按供水用途的不同，建筑给水系统可分为（　　）三大类。

    A. 生活饮用水系统、杂用水系统和直饮水系统

    B. 消火栓给水系统、生活给水系统和商业用水系统

    C. 消火栓给水系统、生活饮用水系统和生产工艺用水系统

    D. 消防给水系统、生活给水系统和生产给水系统

25. 管道应敷设在当地冰冻线以下，如确实需要高于冰冻线敷设的，须有可靠的保温措

施。在无冰冻地区,埋地敷设时,管顶的覆土埋深不得小于( )m。

  A. 0.5   B. 0.6   C. 0.7   D. 0.8

  26. 减压阀如水平安装时,阀体上的透气孔应朝( );垂直安装时,孔口应置于易观察检查之方向。

  A. 上   B. 下   C. 左   D. 右

  27. 中水管道与生活饮用水管道、排水管道平行埋设时,其水平距离不得小于( )m,交叉埋设时,中水管道应位于生活饮用水管道下面,排水管道上面,其净距不应小于0.15m。

  A. 0.3   B. 0.4   C. 0.5   D. 0.6

  28. 较重的阀门吊装时,应将钢丝绳拴在阀体的( )处。

  A. 阀杆   B. 传动杆件   C. 法兰   D. 塞件

  29. 起排除有害气体,减少室内污染和管道腐蚀,并向室内排水管道中补给空气,减轻立管内气压变化幅度,使水流通畅,气压稳定,防止卫生器具水封被破坏作用的是( )。

  A. 通气帽   B. 清扫口   C. 室内检查井   D. 地漏

  30. ( )是利用一定高度的静水压力来抵抗排水管内气压变化,隔绝和防止排水管道内所产生的难闻有害气体和可燃气体及小虫等通过卫生器具进入室内而污染环境。

  A. 存水弯   B. 清扫口   C. 通气帽   D. 地漏

二、多项选择题

1. 室内给水管道的安装顺序一般为( )。

  A. 先地下后地上   B. 先地上后地下   C. 先大管后小管

  D. 先小管后大管   E. 先立管后支管

2. 给水聚丙烯PPR管管道安装方式一般有( )。

  A. 黏接   B. 热熔连接   C. 电熔连接

  D. 螺纹连接   E. 焊接

3. 室内给水铸铁管承插接口形式有( )。

  A. 石棉水泥接口   B. 橡胶圈接口   C. 膨胀水泥接口

  D. 石膏氯化钙水泥接口   E. 青铅接口

4. 膨胀水箱的( )上不得安装阀门。

  A. 补水管   B. 集气管   C. 膨胀管

  D. 溢流管   E. 排污管

5. 水表安装正确要点( )。

  A. 水表应安装在便于检修、不受曝晒、污染和冻结的地方

  B. 安装螺翼式水表,表前与阀门应有不小于8倍水表接口直径的直线管段

  C. 螺翼式水表的前端,应有5倍水表接管直径的直线管段

  D. 水表外壳距墙表面净距为10~30mm

  E. 水表进水口中心标高按设计要求,允许偏差为±10mm

6. 游泳池其他附属设施安装要求正确的是( )。

  A. 游泳池的毛发聚集器应采用铜或不锈钢等耐腐蚀材料制作

  B. 过滤筒(网)的孔径应不大于5mm,其面积应为连接管截面积的1.5~2.0倍

  C. 游泳池的浸脚、浸腰消毒池的给水管、投药管、溢流管和泄空管应采用耐腐蚀管材

D. 游泳池地面冲洗用的管道和水龙头,应采取措施,避免冲洗排水流入池内

E. 游泳池水加热系统安装、检验标准均按《建筑给水排水及采暖工程施工质量验收规范》室内热水供应系统安装中的相关内容执行

7. 属于建筑排水系统的清通附件的是(　　)。

    A. 检查口　　　　　　　　B. 清扫口　　　　　　　　C. 室内检查井

    D. 地漏　　　　　　　　　E. 通气帽

8. 卫生器具安装完毕后应作(　　)试验。

    A. 泄水　　　　　　　　　B. 满水　　　　　　　　　C. 通水

    D. 强度　　　　　　　　　E. 气密性

9. 卫生器具除(　　)外,均应待土建抹灰、粉刷、贴瓷砖等工作基本完成后再进行安装。

    A. 浴盆　　　　　　　　　B. 蹲式大便器　　　　　　C. 坐式大便器

    D. 挂壁式小便器　　　　　E. 盥洗盆

10. 热水管网在下列(　　)管段上应设止回阀。

    A. 水加热器、贮水器的冷水供水管上

    B. 水加热器、贮水器的出水管上

    C. 强制循环的回水总管上

    D. 冷热混合器的冷水进水管上

    E. 冷热混合器的热水进水管上

11. 雨水管道及附件安装要求正确的是(　　)。

    A. 雨水管道不得与生活污水管道相连接

    B. 雨水斗的连接应固定在屋面承重结构上。雨水斗边缘与屋面相连处应严密不漏。连接管管径无设计要求时,不得小于 50mm

    C. 密闭雨水管道系统的埋地管,应在靠立管处设水平检查口。高层建筑的雨水立管在地下室或底层向水平方向转弯的弯头下面应设支墩或支架,并在转弯处设清扫口

    D. 雨水斗连接管与悬吊管的连接应用 45°三通;悬吊管与立管的连接,应采用 45°三通或 45°四通和 90°斜三通或 90°斜四通

    E. 悬吊式雨水管道的敷设坡度不得小于 3‰;埋地雨水管道的最小坡度应符合相关规范规定

12. 室内排水管道布置敷设的原则正确的是(　　)。

    A. 排水管穿过地下室外墙或地下构筑物的墙壁处,应采取防水措施

    B. 排水埋地管道应避免布置在可能受到重物压坏处,管道不得穿越生产设备基础

    C. 排水管道不得穿过沉降缝、抗震缝、烟道和风道

    D. 排水管道应避免穿过伸缩缝,若必须穿过时,应采取相应技术措施,不使管道直接承受拉伸与挤压

    E. 排水管道穿过承重墙或基础处应预留孔洞或加套管,且管顶上部净空一般不小于 100mm

13. 对于中水供水系统说法正确的是(　　)。

    A. 中水供水系统必须单独设置

B. 中水管道不宜暗装于墙体和楼板内。如必须暗装于墙槽内时,必须在管道上有明显且不会脱落的标志

C. 中水管道与生活饮用水管道、排水管道平行埋设时,其水平净距离不得小于1.0m,交叉埋设时,中水管道应位于生活饮用水管道下面,排水管道的上面,其净距离不应小于0.15m

D. 中水给水管道不得装设取水水嘴

E. 中水高位水箱应与生活高位水箱分设在不同的房间内,如条件不允许只能设在同一房间时,与生活高位水箱的净距离应大于2m

14. 供热锅炉及辅助设备安装,管道、设备和容器的保温,应在( )合格后进行。

A. 防腐　　　　　　　B. 清洗　　　　　　　C. 调试

D. 强度试验　　　　　E. 水压试验

15. 安装压力表要符合( )规定。

A. 压力表必须安装在便于观察和吹洗的位置

B. 压力表必须设有存水弯管

C. 压力表应用直管安装在管道上

D. 压力表与存水弯管之间应安装三通旋塞

E. 压力表的安装位置应防止高温、冰冻和振动的影响,同时要有足够的照明

16. 安装温度计应符合( )规定。

A. 安装在管道上的温度计,底部应插入流动介质内

B. 温度计与压力表不能安装在同一管道上

C. 压力式温度计的毛细管应固定好并有保护措施

D. 热电偶温度计的保护套管应保证规定的插入深度

E. 温度计不得装引出的管段上或死角

三、判断题(正确在括号中写"A",错误在括号中写"B")

1. 如给水支管装有水表,应先装上连接管,试压后交工前拆下连接管,再安装水表。
(　　)

2. 较重的阀门吊装时,绝不允许将钢丝绳拴在阀杆手轮及其他传动杆件和塞件上,而应拴在阀体的法兰处。(　　)

3. 减压阀应安装在水平管段上,阀体应保持垂直。(　　)

4. 从给水立管接出装有3个或3个以上配水点的支管始端,应安装可拆卸的连接件。冷、热水管上下平行安装时,热水管应在冷水管的下方,支管预留口位置应左热右冷;冷、热水管垂直平行安装时,热水管应在冷水管的左侧。(　　)

5. 钢塑复合管不得埋设在钢筋混凝土结构中。(　　)

6. 暗敷墙体、地坪层内的给水聚丙烯管道可采用丝扣或法兰连接。(　　)

7. 给水聚丙烯(PPR)塑料管在熔接弯头或三通时,刚熔接好的接头可旋转校正。(　　)

8. 雨水管道不得与生活污水管道相连接。(　　)

9. 需要做保温的热水管道,其管材为不镀锌钢塑复合管者,保温之前应将管道外表面的锈污清除干净,然后涂刷二道防锈漆。若管材为镀锌钢塑复合管、聚丙烯(PPR)塑料管、铜管、镀锌钢管时,管道外表面不需涂刷防锈漆即可进行管道保温。(　　)

10. 待热水管道系统水压试验合格后,通热水运行前,要把波纹管补偿器的拉杆螺母卸去,以便补偿器能发挥补偿作用。 ( )

11. 给水铸铁管道承插连接时承口应朝来水方向顺序排列,连接的对口间隙应不小于3mm。 ( )

12. 室外埋地管道上的阀门应阀杆垂直向上地安装于阀门井内,以便于维修操作。 ( )

13. 为避免紊流现象影响水表的计量准确性,表前阀门与水表的安装距离应大于8~10倍管径。 ( )

14. 卫生器具排水管与排水横支管用90°斜三通连接。 ( )

15. 在排水立管上每两层设一个检查口,且间距不宜大于10m,但在最底层和有卫生设备的最高层必须设置;如为两层建筑,则只需要在底层设检查口即可;立管如有乙字弯管,则在该层乙字弯管的上部设检查口;检查口的设置高度距地面为1.0m,朝向应便于立管的疏通和维修。 ( )

16. 由于热水供应系统在升温和运行过程中会析出气体,因此安装管道应注意坡度,热水横管应有不小于1‰的坡度,以利于放气和排水。在上行下给式系统供水的最高点应设排气装置;下行上给式系统,可利用最高层的热水龙头放气;管道系统的泄水可利用最低层的热水龙头或在立管下端设置泄水丝堵。 ( )

17. 高层建筑排水管道应考虑管道胀缩补偿,可采用柔性法兰管件,并在承口处还要留有胀缩余量。 ( )

18. 热力管道系统试压时,对于不能与管道系统一起进行试压的阀门、仪表等,应临时拆除,换上等长短管。 ( )

19. 中水给水管道不得装设取水水嘴。 ( )

20. 对于40m以上的建筑,也可在排水立管上每层设一组气水混合器与排水横管连接,立管的底部排出管部分设气水分离器,这就是苏维脱排水系统。此系统适用于排水量大的高层宾馆和高级饭店,可起到粉碎粪便污物,分散和减轻低层管道的水流冲击力,以保证排水通畅的作用。 ( )

四、案例分析题

(一) 某行政办公楼2018年3月主体工程施工完毕,开始进行给水排水管道安装施工,承包单位合理安排施工,严格把好质量关,2018年7月底工程顺利通过竣工验收并投入使用,请问管道施工时应注意哪些问题?

1. 给水管道的布置应注意(   )。

  A. 给水管道不宜穿过伸缩缝、沉降缝,若必须穿过时,应有相应的技术措施

  B. 给水管道不得敷设在烟道、风道、排水沟内

  C. 给水引入管应有不小于5‰的坡度向室外阀门井

  D. 室内给水横管宜有2‰~5‰的坡度坡向泄水装置

  E. 给水引入管穿越基础或承重墙时,要预留洞口,管顶和洞口间的净空一般不小于0.15m

2. 水表安装上游侧长度应有(   )倍的水表直径的直管段。

  A. 5~6   B. 8~12   C. 7~9   D. 8~10

3. 每条引入管上均应装设(　　),必要时还要有泄水装置。

    A. 阀门   B. 水表   C. 温度计   D. 压力表

    E. 疏水器

4. 对于生活、生产、消防合用的给水系统,如果只有一条引入管时,应绕开(　　)安装旁通管。

    A. 闸阀   B. 止回阀   C. 水表   D. 调节阀

5. 给水管道安装顺序(　　)。

    A. 安装→试压→保温→消毒→冲洗   B. 安装→保温→试压→消毒→冲洗

    C. 安装→试压→消毒→冲洗→保温   E. 安装→保温→试压→冲洗→消毒

（二）某施工单位承接一综合性社区给水排水工程,给水干管采用涂塑无缝钢管沟槽连接,给水支管采用 PPR 管道热熔连接,排水管道排出管采用承插排水铸铁管,立管采用螺旋消音 UPVC 管,横支管采用普通 UPVC 管;雨水管道采用内排雨水,管道材质为镀锌钢管。施工时施工单位应如何处理以下遇到的问题?

1. 各种承压管道系统和设备应做水压试验,非承压管道系统和设备应作灌水试验。(　　)

    A. 正确   B. 错误

2. 截止阀安装时需注意的问题为(　　)。

    A. 低进高出   B. 高进低出

    C. 平进平出   D. 任何方向均可

3. 卫生器具安装完毕后应作(　　)试验。

    A. 泄水   B. 满水   C. 通水   D. 强度

    E. 严密性

4. 铸铁排水管的连接方式有(　　)。

    A. 承插连接   B. 抱箍连接   C. 沟槽连接   D. 螺纹连接

    E. 法兰连接

5. PPR 管道安装时应注意(　　)。

    A. 水平干管与水平支管连接、水平干管与立管连接、立管与每层支管连接,应考虑管道互相伸缩时不受影响的措施。如水平干管与立管连接,立管与每层支管连接可采用 2 个 90°弯头和一段短管后接出

    B. 管道嵌墙暗敷时,宜配合土建预留凹槽,其尺寸设计无规定时,嵌墙暗管墙槽尺寸的深度为管外径 $D+20mm$。宽度为 $D+(40\sim60mm)$。凹槽表面必须平整,不得有尖角等突出物,管道试压合格后,墙槽用 M7.5 水泥砂浆填补密实

    C. 管道安装时,不得有轴向扭曲,穿墙或穿楼板时,必须强制校正

    D. 热水管道穿墙壁时,应配合土建设置钢套管;冷水管道穿墙时可预留洞,洞口尺寸较外径大 50mm

    E. 管道安装时必须按不同管径和要求设置管卡或吊架。位置要准确,埋设要平整,管卡与管道接触应紧密。但不得损伤管道表面

（三）某6层住宅楼室内排水管道采用 UPVC 管。施工单位质检员填写室内排水管道及配件安装分项工程的部分检验批质量验收记录表,如表 7-3 所示,根据内容给出检查结论。

表 7-3 室内排水管道及配件安装分项工程的部分检验批质量验收记录表

工程名称	某 6 层住宅楼	检验批部位	室内排水管道及配件安装工程检验批	施工执行标准名称及编号	
施工单位		项目经理		专业工长	
分包单位		分包项目经理		施工班组长	
序号	GB 50243—2002		施工单位检查评定记录		

					施工单位检查评定记录
主控项目	1	生活污水塑料管坡度	A. 合格 B. 不合格		经检查,生活污水塑料管道的横管直径为 110mm,坡度为 5‰;横支管直径为 75mm,坡度为 10‰
	2	排水立管(直径为 110mm)及水平干管(直径为 110mm)通球试验	A. 合格 B. 不合格		排水主立管及水平干管管道均进行了通球试验,其中排水立管通球球径为 50mm。通球率必须达到 100%
一般项目	1	塑料管支架、吊架安装(备注、塑料管管径立管 110mm,横管 75mm)	A. 合格 B. 不合格		塑料排水支架、吊架立管间距 1.6m,横管间距 0.8m
	2	室内排水管道安装	A. 合格 B. 不合格		1. 通向室外的排水管穿过墙壁或基础时采用 45°三通与室内垂直管段连接,并在垂直管段顶部设置清扫口。 2. 室内排水管道的水平管道与水平管道、水平管道与立管的连接采用 45°三通或 45°四通,立管与排出管端部的连接采用了 90°弯头

	项 目	允许偏差/mm	偏差实测值/mm									
3	坐标	15	11	5	12	15	13	10	14	10	3	9
	标高	±15	−8	8	6	8	7	14	−5	17	14	6
	横管纵横方向弯曲 塑料管 每 1m	1.5	1	1	1.2	1.3	2	1.3	1	1.1	1.1	1
	横管纵横方向弯曲 塑料管 全长(25mm 以上)	≤38										
	立管垂直度 塑料管 每 1m	3	3	2	1	2	2	3	2	2	2	3
	立管垂直度 塑料管 全长(5m 以上)	≤15	10	13	10	12	3	10	20	10	2	3

施工单位检查评定结论	A. 合格　　B. 不合格　　　　　　　　　　项目专业质量检查员(签章): ××××年××月××日

1. 主控项目 1 生活污水塑料管坡度安装评定结果为(　　)。
   A. 合格　　　　　　　　　　B. 不合格

2. 主控项目 2 排水立管及水平干管通球试验安装评定结果为(　　)。
   A. 合格　　　　　　　　　　B. 不合格

3. 一般项目 1 塑料管支架、吊架安装评定结果为(　　)。
   A. 合格　　　　　　　　　　B. 不合格

4. 一般项目 2 室内排水管道安装评定结果为(　　)。
   A. 合格　　　　　　　　　　B. 不合格

5. 一般项目 3 允许偏差项目安装评定结果为(　　)。

　　A. 合格　　　　　　　　　　B. 不合格

(四)某 6 层住宅楼共 3 个单元,室内给水管道采用 PPR 管,水表集中安装在一层水表井内,管道设计工作压力为 0.6MPa。施工单位质检员填写室内给水管道及配件安装分项工程的部分检验批质量验收记录表,如表 7-4 所示,请根据以下内容给出质量检查结论。

表 7-4　室内给水管道及配件安装分项工程的部分检验批质量验收记录表

工程名称	某 6 层住宅楼	检验批部位	室内给水管道及配件安装工程检验批	施工执行标准名称及编号	
施工单位		项目经理		专业工长	
分包单位		分包项目经理		施工班组长	
序　号	GB 50243—2002		施工单位检查评定记录		
主控项目	1	给水管道水压试验(备注:采用 PPR 管)	A. 合格 B. 不合格	塑料管给水系统在试验压力下稳压 1h,压力降不超过 0.06MPa,然后在工作压力的 1.15 倍状态下稳压 2h,压力降不超过 0.01MPa,同时检查各连接处不得渗漏	
	2	生活给水系统管道冲洗和消毒	A. 合格 B. 不合格	给水系统管道在交付使用前已经进行了冲洗和消毒,并经有关部门取样检验,符合国家生活饮用水标准	
一般项目	1	给水水平管道坡度坡向	A. 合格 B. 不合格	给水水平管道有 1‰ 的坡度,并且坡向泄水装置	
	2	管道支、吊架(备注:PPR 管,立管管径 50mm,水平管管径 32mm)	A. 合格 B. 不合格	管道的支架、吊架安装平整牢固,立管支架间距为 1.5m,冷水管水平敷设吊架间距为 0.6m,热水管水平敷设吊架间距为 0.35m	
	3	水表安装	A. 合格 B. 不合格	1. 水表安装在一层的水表井内便于检修,无曝晒、污染和冻结的可能; 2. 安装螺翼式水表表前与阀门有 5 倍直线管道; 3. 水表进水口中心标高允许偏差为 ±10mm	
施工单位检查评定结论	A. 合格　　　B. 不合格		项目专业质量检查员(签章): ××××年××月××日		

1. 主控项目 1 给水管道水压试验评定结果为(　　)。

　　A. 合格　　　　　　　　　　B. 不合格

2. 主控项目 2 生活给水系统管道冲洗和消毒评定结果为(　　)。

　　A. 合格　　　　　　　　　　B. 不合格

3. 一般项目 1 给水水平管道坡度坡向评定结果为(　　)。

　　A. 合格　　　　　　　　　　B. 不合格

4. 一般项目 2 管道支架、吊架评定结果为(　　)。

　　A. 合格　　　　　　　　　　B. 不合格

5. 一般项目 3 水表安装评定结果为(　　)。

　　A. 合格　　　　　　　　　　B. 不合格

7.4 通风与空调工程施工技术

一、单项选择题

1. 按风管系统工作压力划分,风管系统可分为微压、低压、中压与高压 4 个类别。其中系统工作压力小于或等于( )Pa 为微压系统。

    A. 100   B. 125   C. 150   D. 200

2. 按材质分类,下列风管不属于金属风管的是( )。

    A. 镀锌钢板风管   B. 不锈钢风管

    C. 铝板风管   D. 玻璃钢风管

3. 砖、混凝土风道的允许漏风量不应大于矩形金属低压风管规定值的( )倍。

    A. 1.2   B. 1.5   C. 2.0   D. 3.0

4. 可伸缩性金属或非金属软风管的长度不宜超过( )m,并不得有死弯及塌凹。

    A. 1.0   B. 1.5   C. 2.0   D. 2.5

5. 直咬缝圆形金属风管直径大于或等于 800mm,且其管段长度大于( )mm 或总表面积大于 4m² 时,均应采取加固措施。

    A. 1000   B. 1250   C. 1500   D. 2000

6. 用于高压系统的圆形金属螺旋风管,直径大于( )mm 时,应采取加固措施。

    A. 1000   B. 1250   C. 1500   D. 2000

7. 矩形金属风管的边长大于( )mm 时,应采取加固措施。

    A. 400   B. 500   C. 630   D. 800

8. 硬聚氯乙烯风管的直径或边长大于( )mm 时,风管与法兰的连接处应设加强板。

    A. 400   B. 500   C. 630   D. 800

9. 净化空调系统中,矩形风管底边宽度小于或等于( )mm 时,底面不得有拼接缝。

    A. 630   B. 800   C. 900   D. 1000

10. 空气洁净度等级为 N1~N5 级时,风管法兰的螺栓及铆钉孔的间距不应大于( )mm。

    A. 50   B. 60   C. 70   D. 80

11. 净化空调系统中的矩形风管,边长大于( )mm 时,不得使用薄钢板法兰弹簧夹连接。

    A. 800   B. 900   C. 1000   D. 1250

12. 矩形消声弯管平面边长为( )mm 时,应设置吸声导流片。

    A. 800   B. 900   C. 1000   D. 1250

13. 直径大于( )mm 的圆形风管,风管架支、吊架的安装要求应按设计要求执行。

    A. 1250   B. 1500   C. 2000   D. 2500

14. 边长大于( )mm 的矩形风管,风管支架、吊架的安装要求应按设计要求执行。

    A. 1250   B. 1500   C. 2000   D. 2500

15. 当风管穿过需要封闭的防火、防爆的墙体或楼板时,必须设置厚度不小于(　　)mm的钢制防护套管;风管与防护套管之间应采用不燃柔性材料封堵严密。

　　A. 1.2　　　　B. 1.4　　　　C. 1.6　　　　D. 1.8

16. 防火分区隔墙两侧的防火阀,距墙表面不应大于(　　)mm。

　　A. 100　　　　B. 200　　　　C. 500　　　　D. 1000

17. 金属风管水平安装时,直径或边长小于或等于400mm时,支架、吊架间距不应大于(　　)m。

　　A. 2　　　　B. 3　　　　C. 4　　　　D. 5

18. 金属风管垂直安装时,应设置至少(　　)个固定点,支架间距不应大于4m。

　　A. 2　　　　B. 3　　　　C. 4　　　　D. 5

19. 边长(直径)大于(　　)mm的弯头、三通等部位,应设置单独的支架、吊架。

　　A. 1000　　　B. 1250　　　C. 1600　　　D. 2000

20. 明装风管水平安装时,水平度的允许偏差应为3‰,总偏差不应大于(　　)mm。

　　A. 10　　　　B. 15　　　　C. 20　　　　D. 30

21. 真空吸尘系统的吸尘管道坡度宜大于或等于(　　)‰,并应坡向立管、吸尘点或集尘器。

　　A. 1　　　　B. 2　　　　C. 3　　　　D. 5

22. 可伸缩金属或非金属柔性风管的长度不宜大于(　　)mm。

　　A. 1　　　　B. 1.5　　　　C. 2　　　　D. 2.5

23. 织物布风管垂吊吊带的间距不应大于(　　)m,风管不应呈现波浪形。

　　A. 1　　　　B. 1.5　　　　C. 2　　　　D. 2.5

24. 直径或边长尺寸大于或等于(　　)mm的防火阀,应设独立支架、吊架。

　　A. 400　　　B. 500　　　C. 630　　　D. 800

25. 排风口、吸风罩的安装应排列整齐、牢固可靠,安装位置和标高允许偏差应为(　　)mm。

　　A. ±5　　　　B. ±10　　　　C. ±15　　　　D. ±20

26. 制冷剂系统阀门的强度试验压力应为阀门公称压力的(　　)倍,时间不少于5min。

　　A. 1.1　　　　B. 1.2　　　　C. 1.5　　　　D. 2.0

27. 制冷剂系统阀门的严密性试验压力应为公称压力的(　　)倍,持续时间30s不漏为合格。

　　A. 1.1　　　　B. 1.2　　　　C. 1.5　　　　D. 2.0

28. 空调系统冷热水、冷却水系统的试验压力,当工作压力小于或等于1.0MPa时,为(　　)倍工作压力,但最低不小于0.6MPa;当工作压力大于1.0MPa时,为工作压力加0.5MPa。

　　A. 1.1　　　　B. 1.2　　　　C. 1.5　　　　D. 2.0

29. 对于工作压力大于(　　)MPa及在空调水系统主干管上起切断作用的阀门,应进行强度和严密性试验,合格后才可使用。

　　A. 0.5　　　　B. 0.8　　　　C. 1.0　　　　D. 1.5

30. 通风与空调工程施工质量的保修期限,自竣工验收合格日起计算为(　　)个采暖期、供冷期。

  A. 1　　　　　 B. 2　　　　　 C. 3　　　　　 D. 4

31. 恒温恒湿空调工程的检测和调整应在空调系统正常运行(　　)h及以上,达到稳定后进行。

  A. 2　　　　　 B. 8　　　　　 C. 12　　　　　 D. 24

32. 净化空调系统的检测和调整应在系统正常运行(　　)h及以上,达到稳定后进行。

  A. 8　　　　　 B. 12　　　　　 C. 24　　　　　 D. 48

33. 冷凝水排水管坡度,应符合设计文件的规定。当设计无规定时,其坡度宜大于或等于(　　);软管连接的长度不宜大于150mm。

  A. 2‰　　　　 B. 3‰　　　　 C. 5‰　　　　 D. 8‰

34. 中压、高压系统的金属风管长度大于(　　)mm时,应采取加固框补强措施。

  A. 1000　　　 B. 1250　　　 C. 1500　　　 D. 2000

35. 外表温度高于(　　)℃,且位于人员易接触部位的风管,应采取防烫伤的措施。

  A. 60　　　　　 B. 80　　　　　 C. 100　　　　 D. 150

36. 当水平悬吊的主、干风管长度超过(　　)m时,应设置防晃支架或防止摆动的固定点。

  A. 15　　　　　 B. 20　　　　　 C. 30　　　　　 D. 40

37. 消声器及静压箱安装时,应设置(　　),固定应牢固。

  A. 独立支架、吊架　　　　　 B. 防晃支架、吊架

  C. 支架、吊架　　　　　　　 D. 称重支架、吊架

38. 通风机传动装置的外露部位以及直通大气的进、出风口,必须装设(　　)或采取其他安全防护措施。

  A. 防雨罩　　　 B. 防尘罩　　　 C. 防护罩(网)　　 D. 安全网

39. 连接电加热器的风管的法兰垫片,应采用(　　)。

  A. 难燃材料　　 B. 耐热不燃材料　 C. 难燃B1级　　 D. 可燃材料

40. 风机盘管机组安装前宜进行风机三速试运转及盘管水压试验。试验压力为系统工作压力的(　　)倍,试验观察时间为2min,不渗漏为合格。

  A. 1.1　　　　 B. 1.15　　　　 C. 1.2　　　　 D. 1.5

41. 制冷剂管道系统应按设计要求或产品要求进行强度、气密性及(　　),且应试验合格。

  A. 严密性试验　 B. 真空试验　　 C. 水压试验　　 D. 泄漏试验

42. 冷却塔安装应水平,单台冷却塔的水平度和垂直度允许偏差应为(　　)。

  A. 1/1000　　 B. 2/1000　　 C. 3/1000　　 D. 4/1000

43. 多台冷却塔安装时,排列应整齐,各台开式冷却塔的水面高度应一致,高度偏差值不应大于(　　)mm。

  A. 15　　　　　 B. 20　　　　　 C. 25　　　　　 D. 30

44. 空调设备、风管及其部件的绝热工程施工应在(　　)进行。

  A. 风管系统严密性试验合格后　　 B. 风管系统安装完毕后

C. 质量检验合格后   D. 无须试验,监理认可后

45. 防腐工程施工时,应采取防火、防冻、防雨等措施,且不应在潮湿或低于( )℃的环境下作业。

A. 0   B. 5   C. 10   D. 15

二、多项选择题

1. 风管安装,支架、吊架不得设置在( )处。

A. 风口   B. 风阀   C. 风管

D. 检查门   E. 自控机构

2. 风管安装应符合下列规定( )。

A. 当风管穿过需要封闭的防火、防爆的墙体或楼板时,必须设置厚度不小于1.8mm 的钢制防护套管;风管与防护套管之间应采用不燃柔性材料封堵严密

B. 风管内严禁其他管线穿越

C. 输送含有易燃、易爆气体或安装在易燃、易爆环境的风管必须设置可靠的防静电接地装置

D. 输送含有易燃、易爆气体的风管系统通过生活区域或其他辅助生产车间时不得设置接口

E. 室外风管系统的拉索等金属固定件可以与避雷针或避雷网连接

3. 柔性短管的制作应符合下列规定( )。

A. 应采用抗腐、防潮、不透气及不易霉变的柔性材料

B. 用于净化空调系统的柔性短管应是内壁光滑、不易产生尘埃的材料

C. 柔性短管的长度宜为 200～250mm,接缝的缝制或黏结应牢固、可靠,不应有开裂

D. 柔性短管不应为异径连接管,矩形柔性短管与风管连接不得采用抱箍固定的形式

E. 柔性短管与法兰组装宜采用压板铆接连接,铆钉间距宜为 60～80mm

4. 非金属风管的安装应符合下列规定( )。

A. 风管连接应严密,法兰螺栓两侧应加镀锌垫圈

B. 风管垂直安装时,支架间距不应大于 3m

C. 硬聚氯乙烯风管直管连续长度大于 30m 时,应按设计要求设置伸缩节

D. 织物布风管水平安装钢绳垂吊点的间距不得大于 4m

E. 织物布风管与金属风管的连接处应采取防止锐口划伤的保护措施

5. 柔性短管的安装应符合下列规定( )。

A. 可伸缩金属或非金属柔性风管的长度不宜大于 2m

B. 柔性短管的安装,应松紧适度,目测平顺、不应有强制性的扭曲

C. 柔性风管支架、吊架的间距不应大于 2000mm

D. 柔性风管承托的座或箍的宽度不应小于 25mm

E. 两支架间风道的最大允许下垂应为 200mm,且不应有死弯或塌凹

6. 风阀的安装应符合下列规定( )。

A. 风阀应安装在便于操作及检修的部位

B. 安装后,手动或电动操作装置应灵活可靠,阀板关闭应严密

C. 直径或边长尺寸大于或等于 800mm 的防火阀,应设独立支架、吊架

D. 排烟阀(排烟口)及手控装置(包括钢索预埋套管)的位置应符合设计要求。钢索预埋套管弯管不应大于 2 个,且不得有死弯及瘪陷;安装完毕后应操控自如,无卡涩等现象

E. 除尘系统吸入管段的调节阀,宜安装在垂直管段上

7. 风口的安装应符合下列规定( )。

A. 风口表面应平整、不变形,调节应灵活、可靠

B. 同一厅室、房间内的相同风口的安装高度应一致,排列应整齐

C. 明装无吊顶的风口,安装位置和标高允许偏差应为 10mm

D. 风口水平安装,水平度的允许偏差应为 2‰

E. 风口垂直安装,垂直度的允许偏差应为 3‰

8. 组装式的制冷机组和现场充注制冷剂的机组,应进行系统管路( )等试验。

A. 吹污   B. 吹扫   C. 气密性

D. 真空   E. 充注制冷剂检漏

9. 燃气管道吹扫和压力试验的介质应采用( )。

A. 空气   B. 氮气   C. 水

D. 煤气   E. 氧气

10. 制冷剂系统阀门的安装应符合下列规定( )。

A. 制冷剂阀门安装前应进行强度和严密性试验

B. 强度试验压力应为阀门公称压力的 1.1 倍,持续时间 30s 不漏为合格

C. 严密性试验压力应为阀门公称压力的 1.5 倍,时间不少于 5min

D. 水平管道上阀门的手柄不应向下,垂直管道上阀门的手柄应便于操作

E. 安全阀应垂直安装在便于检修的位置,排气管的出口应朝向安全地带

三、判断题(正确在括号中写"A",错误在括号中写"B")

1. 通风与空调工程所使用的主要原材料、成品、半成品和设备的进场,必须对其进行验收。验收应经监理工程师认可,并应形成相应的质量记录。 ( )

2. 输送含有易燃、易爆气体或安装在易燃、易爆环境的风管系统应有良好的接地,通过生活区或其他辅助生产车间时必须严密,并不得设置接口。 ( )

3. 柔性短管应选用防腐、防潮、不透气、不易霉变的柔性材料。用于空调系统的应有防止结露的措施;用于净化空调系统的还应是内壁光滑、不易产生尘埃的材料。 ( )

4. 复合材料风管的覆面材料必须为不燃材料,内部的绝热材料应为不燃或难燃 B1 级,且对人体无害的材料。 ( )

5. 柔性短管的长度,一般宜为 150～300mm,其连接处应严密、牢固可靠。 ( )

6. 风管系统安装后,必须进行严密性检验,合格后才能交付下道工序。 ( )

7. 空气洁净度等级为 N1～N5 级净化空调系统的风管,不得采用按扣式咬口连接。 ( )

8. 工作压力大于 1000Pa 的调节风阀,生产厂应提供在 1.5 倍工作压力下能自由开关的强度测试合格的证书或试验报告。 ( )

9. 防排烟系统的柔性短管可以采用难燃材料。（　　）

10. 净化空调系统风管及其部件的安装,应在该区域的建筑地面工程施工完成,且室内具有防尘措施的条件下进行。（　　）

11. 当风管穿过需要封闭的防火、防爆的墙体或楼板时,必须设置钢制防护套管;风管与防护套管之间应采用难燃柔性材料封堵严密。（　　）

12. 风管穿过洁净室(区)吊顶、隔墙等围护结构时,应采取可靠的密封措施。（　　）

13. 真空吸尘系统弯管的曲率半径不应小于 6 倍管径,且不得采用褶皱弯管。（　　）

14. 风管斜插板风阀安装时,阀板应顺气流方向插入;水平安装时,阀板应向下开启。（　　）

15. 防火阀、排烟阀(口)的安装位置、方向应正确。位于防火分区隔墙两侧的防火阀,距墙表面不应大于 200mm。（　　）

16. 住宅厨房、卫生间各层支管与风道的连接应严密,并应设置防倒灌的装置。（　　）

17. 静电式空气净化装置的金属外壳必须与 PE 线可靠连接。（　　）

18. 电加热器与钢构架间的绝热层必须采用难燃材料,外露的接线柱应加设安全防护罩。（　　）

19. 燃油管道系统必须设置可靠的防静电接地装置。（　　）

20. 燃气管道系统与机组的连接不得使用非金属软管。（　　）

21. 制冷循环系统的液管不得向上装成 Ω 形;除特殊回油管外,气管不得向下装成 U 形;液体支管引出时,必须从干管底部或侧面接出;气体支管引出时,应从干管顶部或侧面接出。（　　）

22. 制冷剂系统水平管道上阀门的手柄不应向下,垂直管道上阀门的手柄应便于操作。（　　）

23. 空调水系统管道与设备的连接,应在设备安装完毕后进行,与水泵、制冷机组的接管必须为柔性接口。柔性短管不得强行对口连接,与其连接的管道应设置独立支架。（　　）

24. 空调凝结水系统采用充水试验,应以不渗漏、排水通畅为合格。（　　）

25. 判定空调水系统管路冲洗、排污合格的条件是目测排出口的水色和透明度与入口的水对比应接近,且无可见杂物。当系统继续运行 2h 以上,水质保持稳定后,才可与设备相贯通。（　　）

26. 空调水系统管路上工作压力大于 1.2MPa 及在主干管上起到切断作用和系统冷、热水运行转换调节功能的阀门和止回阀,应进行壳体强度和阀瓣密封性能的试验,且应试验合格。（　　）

27. 通风与空调工程竣工的系统调试,应由施工单位负责,监理单位监督,设计单位与建设单位参与和配合。系统调试可由施工企业或委托具有调试能力的其他单位进行。（　　）

28. 通风与空调工程施工过程中发现设计文件有差错的,应及时提出修改意见或更正建议,并形成书面文件及归档。（　　）

29. 柔性短管不应作为找正、找平的异径连接管。（　　）

30. 制冷剂系统水平管道上所有阀门必须安装平直、阀门的手柄应该向下。（　　）

31. 较重的阀门吊装时,绝不允许将钢丝绳拴在阀杆手轮及其他传动杆件和塞件上,而应拴在阀体的法兰处。( )

32. 蒸汽压缩式制冷管道与机组的连接应在管道吹扫、清洁合格前进行。( )

四、案例分析题

(一)某施工单位中标一综合楼通风与空调工程,在风管安装过程中,施工单位质检员填写了风管系统安装工程的部分检验批质量验收记录表,如表 7-5 所示,根据表中内容给出检查结论。

表 7-5　风管系统安装工程的部分检验批质量验收记录表

单位(子单位)工程名称			某综合楼	检验批部位	
分部(子分部)工程名称				项目经理	
施工单位				分包项目经理	
分包单位				专业班组长(施工员)	
施工执行标准名称及编号				施工班组长	
序　号		GB 50243—2016		施工单位检查评定记录	
主控项目	1	风管安装	A. 合格 B. 不合格	风管内严禁其他管线穿越;输送含有易燃、易爆气体或安装在易燃、易爆环境的风管系统应有良好的接地,通过生活区或其他辅助生产房间时必须严密,可设置接口;室外立管的固定拉索严禁拉在避雷针或避雷网上	
	2	风管部件安装	A. 合格 B. 不合格	各类风管部件及操作机构的安装,应能保证其正常的使用功能,并便于操作。斜插板风阀的安装,阀板必须为向上拉启;水平安装时,阀板还应为顺气流方向插入。止回风阀、自动排气活门的安装方向应正确	
一般项目	1	风管支架、吊架的安装	A. 合格 B. 不合格	支架、吊架不宜设置在风口、阀门、检查门及自控机构处,离风口或插接管的距离不宜小于 200mm。当水平悬吊的主、干风管长度超过 30m 时,应设置防止摆动的固定点,每个系统不应少于 1 个	
	2	风阀安装	A. 合格 B. 不合格	防火阀直径或长边尺寸大于或等于 630mm 时,宜设独立支架、吊架	
施工单位检查评定结论	A. 合格　B 不合格			项目专业质量检查员(签章): ××××年××月××日	

1. 主控项目 1 风管安装质量评定结果为( )。

　　A. 合格　　　　　　　　　　　　B. 不合格

2. 主控项目 2 风管部件安装质量评定结果为( )。

　　A. 合格　　　　　　　　　　　　B. 不合格

3. 一般项目 1 风管支架、吊架的安装质量评定结果为( )。

　　A. 合格　　　　　　　　　　　　B. 不合格

4. 一般项目 2 风阀安装质量评定结果为( )。

　　A. 合格　　　　　　　　　　　　B. 不合格

5. 施工单位评定结果为（　　）。

　　A. 合格　　　　　　　　　　　　B. 不合格

（二）某施工单位中标一综合楼通风与空调工程，在风管安装过程中，施工单位质检员填写了风管系统安装工程的部分检验批质量验收记录表，如表 7-6 所示，请根据表中内容给出检查结论，回答各题。

表 7-6　风管系统安装工程的部分检验批质量验收记录表

单位(子单位)工程名称			某综合楼	检验批部位	
分部(子分部)工程名称				项目经理	
施工单位				分包项目经理	
分包单位				专业班组长(施工员)	
施工执行标准名称及编号				施工班组长	
序　号		GB 50243—2016		施工单位检查评定记录	
主控项目	1	风管部件安装	A. 合格 B. 不合格	各类风管部件及操作机构的安装牢固，并便于操作。 斜插板风阀的安装，阀板应顺其流方向插入；水平安装时，阀板为向下开启	
	2	防火阀、排烟阀(口)的安装	A. 合格 B. 不合格	防火阀、排烟阀(口)的安装位置、方向应正确，防火分区隔墙两侧的防火阀，距墙表面 300mm	
	3	手动密闭阀的安装	A. 合格 B. 不合格	手动密闭阀安装，阀门上标志的箭头方向与受冲击波方向一致	
一般项目	1	风管系统的安装	A. 合格 B. 不合格	连接法兰的螺栓均匀拧紧，其螺母在同一侧。 柔性短管的安装，松紧适度，无明显扭曲。 可伸缩性金属软风管的长度 2m，没有死弯或塌凹	
	2	无法兰风管系统安装	A. 合格 B. 不合格	薄钢板法兰形式风管的连接，弹性插条、弹簧夹或紧固螺栓的间隔 100mm，且分布均匀，无松动现象。 插条连接的矩形风管，连接后的板面平整，无明显扭曲	
施工单位检查评定结论		A. 合格　　B. 不合格			
			项目专业质量检查员(签章)： ××××年××月××日		

1. 主控项目 1 风管部件安装质量评定结果为（　　）。

　　A. 合格　　　　　　　　　　　　B. 不合格

2. 主控项目 2 防火阀、排烟阀(口)的安装质量评定结果为（　　）。

　　A. 合格　　　　　　　　　　　　B. 不合格

3. 一般项目 1 手动密闭阀的安装质量评定结果为（　　）。

　　A. 合格　　　　　　　　　　　　B. 不合格

4. 一般项目 2 风管系统安装质量评定结果为（　　）。

　　A. 合格　　　　　　　　　　　　B. 不合格

5. 一般项目 2 无法兰风管系统安装质量评定结果为（　　）。

　　A. 合格　　　　　　　　　　　　B. 不合格

（三）某施工单位中标一综合楼通风与空调工程，在风管安装过程中，施工单位质检员填写了风管系统安装工程的部分检验批质量验收记录表，如表 7-7 所示，根据表内容给出检查结论。

表 7-7 风管系统安装工程的部分检验批质量验收记录表

单位(子单位)工程名称	某综合楼	检验批部位	
分部(子分部)工程名称		项目经理	
施工单位		分包项目经理	
分包单位		专业班组长(施工员)	
施工执行标准名称及编号		施工班组长	

序　号			GB 50243—2016		施工单位检查评定记录
主控项目	1	风管穿越防火、防爆墙	A. 合格 B. 不合格		风管穿过需要封闭的防火、防爆墙体或楼板时,应设预埋管或防护套管,其钢板厚度不应小于 1.6mm。风管与防护套管之间,应用不燃且对人体无危害的柔性材料封堵
	2	风管的严密性检验	A. 合格 B. 不合格		中压系统风管的严密性检验,应在漏光法检验合格后,对系统漏风量测试进行抽检,抽检率为 20%,且不得少于一个系统。系统风管严密性检验的被抽检系统,应全数合格,则视为通过;如有不合格时,则应再加倍抽检,直至全数合格
一般项目	1	风管系统的安装	A. 合格 B. 不合格		风管安装的位置、标高、走向,应符合设计要求。现场风管接口的配置,不得缩小其有效界面。可伸缩性金属或分金属软风管的长度不宜超过 2m,并不应有死弯或塌凹
	2	风管支架、吊架的安装	A. 合格 B. 不合格		支架、吊架不宜设置在风口、阀门、检查门及自控机构处,离风口或插接管的距离不宜小于 200mm。当水平悬吊的主、干风管长度超过 30m 时,应设置防止摆动的固定点,每个系统不应小于 1 个
	3	风阀安装	A. 合格 B. 不合格		防火阀直径或长边尺寸大于或等于 630mm 时,宜设独立支架、吊架
施工单位检查评定结论		A. 合格　　B. 不合格			项目专业质量检查员(签章): ××××年××月××日

1. 主控项目 1 风管穿越防火、防爆墙评定结果为(　　)。

　　A. 合格　　　　　　　　B. 不合格

2. 主控项目 2 风管的严密性检验评定结果为(　　)。

　　A. 合格　　　　　　　　B. 不合格

3. 一般项目 1 风管系统的安装评定结果为(　　)。

　　A. 合格　　　　　　　　B. 不合格

4. 一般项目 2 风管支架、吊架的安装评定结果为(　　)。

　　A. 合格　　　　　　　　B. 不合格

5. 一般项目 2 风阀安装评定结果为(　　)。

　　A. 合格　　　　　　　　B. 不合格

参考答案

参 考 文 献

[1] 谢兵.建筑给水排水工程[M].北京.中国建筑工业出版社,2016.
[2] 杨婉.通风与空调工程(MOOC 版)[M].北京.中国建筑工业出版社,2018.
[3] 吴耀伟.暖通施工技术[M].北京.中国建筑工业出版社,2016.
[4] 吴国忠.建筑给水排水与供暖管道工程施工技术[M].北京.中国建筑工业出版社,2010.
[5] 辽宁省建设厅.建筑给水排水及采暖工程施工质量验收规范(GB 50242—2002)[S].北京:中国建筑工业出版社,2002.
[6] 中华人民共和国住房和城乡建设部.通风与空调工程施工质量验收规范(GB 50243—2016)[S].北京:中国计划出版社,2017.